ヤマケイ文庫

考える粘菌

生物の知の根源を探る

Nakagaki Toshiyuki 中垣俊之

Y L
Yamakei Library

まえがき

生きものの知性を探る旅

この本は、「生きものが知的であるとは一体どういうことだろうか？」という疑問について、粘菌という単細胞生物の振る舞いを見ながら、なるべく根源的なところを探した研究を紹介しています。「知的」といってるのに、「単細胞生物」を対象としていることが、すでに問題提起的です。「単細胞」という言葉にはあまり賢くないという意味がありますが、どうもそうとは言い切れないようです。このことが、この本の出発点になっています。

知的というと、まずはヒトの能力を思うのがふつうです。難しい試験問題が解けたり、味わい深い小説が書けたり、巷の知能テストで高いスコアをとったりする能力を思い浮かべるのではないでしょうか。そのような能力が積み重なった先に、宇宙探査やスマートフォンなどの技術があり、また国を統べる法体系や国際連合のような国際政治があります。まさにヒトの知性の象徴でしょう。

一方で、そのような高度な技術をささえる工業製品の製造の現場では、日々立ちはだかる問題を克服したり回避したりしていますし、また法律の立案や政治交渉の現場でも、関係者間の利益相反やジレンマを調整するべくよりよい解決案を模索していることでしょう。そこで発揮されるヒトの能力とは、「遭遇する状況がどんなにややこしくて困難であっても、未来に向かって生き抜いていけそうな行動がとれる」と言ってよいでしょう。

ひとまず、こんなふうに知性を捉えてみると、ヒト以外の生物がそれぞれの置かれた状況、つまり野外の生息環境で、どのような行動をとるかを調べることで、その知的レベルを推し量れることになります。実際、野外環境は多くの要因が空間的にも時間的にも変動する非常にややこしい状況といえます。生物は、そのような状況で生き抜くための行動をとらなくてはいけません。

この考えをあらゆる生物に適用していくと、いちばんシンプルなものとして単細胞生物の行動に行き着きます。驚くべきことに、一〇〇年ほど前の時代を代表する生物学者たちは、すでに単細胞生物の行動に特段の関心を持っていました。水中を泳ぐゾウリムシや水底を這い回るアメーバだって、同じ刺激に対していつも同じ反応を返すだけの単純な機械では決してないことを発見していました。単細胞生物の巧みな行動は、すでに見つかっていたのです。

この本では、この一〇〇年前の研究に再び焦点をあてます。しばらく忘れ去られてきたこの古典的な研究を引き継いで、現在の科学的概念や手法によって再検討し、その先を目指します。

粘菌の驚くべき知性

私たちは原生生物の一種である粘菌という巨大なアメーバに注目しました。粘菌の巨大アメーバは、肉眼でも見える大きさですので、野外での生息状況を現場で観察することができます。これは大きな利点です。また実験室で飼育しているときも、巨大アメーバの体の形や質感、動き、匂い、色などが目に見えるので、健康状態や日々の生活状況に実感をもって触れることができます。たとえば、ペットの猫に毎日接しているとだんだん猫のことが感覚としてわかってくるのと同じです。このことも大きな利点です。

もう一つ粘菌にこだわる大事な利点があります。私たちは、粘菌の巧みな行動の仕組みを、細胞運動を簡略化して表したモデル方程式から読み解いていく方法論を採用しています。肉眼ではネバネバした物質の塊のようにしか見えない巨大アメーバの体は、物質の運動法則に基づいたモデル方程式で記述しやすいのです。方程式でモデル化することとても相性がよいといえます。

粘菌は、ややこしい状況におかれても、その場のややこしさに応じた上手な行動をとることができます。驚くなかれ、迷路の最短経路を探し出したりしますし、ヒトの社会がつくりあげた公共交通網ですら、スケールは異なるもののそっくりの形のネットワークをつくりあげてしまうのです。

二〇〇〇年九月、私たちは英国の科学雑誌「ネイチャー」において「アメーバ状生物である粘菌が迷路を最短ルートで解く能力がある」という趣旨の論文を発表しました。それまで脳や神経系がない生きものでは、高度な情報処理能力はないと思われてきました。粘菌は、原形質と呼ばれる物質の固まりです。論文の最後では、それが「原始的な知性」を持つと書きました。

喜ばしい(?)ことに、私たちのこのような研究に対し、二〇〇八年度イグ・ノーベル賞が与えられました。認知科学賞です。認知科学とは、概して人間や高等動物を対象にした学問分野で、かなり心理学に近いものです。私たちの受賞理由は、「単細胞生物である粘菌が迷路やその他のパズルを解く能力があることを証明したこと」です。単細胞生物の研究に「認知科学賞」を与えたところが、実にニクいではありませんか。イグ・ノーベル賞の精神を見た気がします。

二〇一〇年には、同じ粘菌が、関東圏の鉄道網と同様な機能性をもった輸送ネットワークを構築する能力があることを米国の科学雑誌「サイエンス」に発表しました。ここでいう機能性とは、両立し難い三つの性質を上手にバランスさせる多目的な最適性のことです。その三つとは、ネットワークの全長をなるべく短くするという経済性、どこかの路線がたまたま不通になっても迂回路があるという事故耐性、どの街もなるべく短距離でつながるという効率性であり、経済性はその他二つと相反します。

このようなすぐれた行動が、単細胞の粘菌からどのようにして生み出されるのでしょうか？ それに対する答えとして、迷路解きも鉄道網設計も、粘菌の運動を簡略化して表したモデル方程式で再現できることを発見しました。このモデル方程式は、粘菌の情報処理の手順を再現しており、粘菌の問題解決方法を解明したことになります。そんなこともあってなのか、二〇一〇年に二度目のイグノーベル賞を頂戴いたしました。生物学をはじめ数学や物理学をそれぞれ専門とする共同研究者と一緒に取り組んできたことが異国の人々にも認められて随分励まされました。

多様性が生み出される仕組み

これらの研究と並行して、粘菌のほかの面も探索しました。同じ刺激を規則的なタイミングで与えると、粘菌は次に来るタイミングを見事に予測することもわかりました。ところが、このときに同じ条件で実験していても、個体によって反応がかなり違うことを知りました。きっちりとタイミングを当てられる個体もいれば、早すぎたり遅すぎたり、または我関せずとばかりに特段の反応を見せない個体もいました。

よくよく見直してみると、迷路解きや鉄道網設計でも、個体によって結果はかなり違っていました。このような違いは、これまでは単なるばらつき、特に平均的な反応からのばらつきとみなされがちでした。しかしながら、素直に見れば、ばらつきとして片付けるにはしのびないもので、むしろ個性ともみなせそうなものだったのです。

そんな議論を続ける中で、同じ条件でも、量的な反応の差ではなく質的な差を見せる例が見つかりました。粘菌の行手に薄めの毒を置いておくと、個体によって逃げるかと思えば、逆に乗り越えたりするのです。このような行動の違いにこだわっていくうちに、単細胞の粘菌だって、同じ刺激に対してただ単に同じ反応を繰り返すだけの決まり切った機械では決してないことがはっきりとわかりました。バラエティに富んだ行動のオプションが潜んでいたのです。

そして、その仕組みをやはり単純化したモデル方程式で書き下してみると、多様なオプションが自然と生み出される仕掛けも見えてきました。生きものらしい行動の仕組みを、細胞運動を記述するモデル方程式で説明することが、ひとまずの段階ですができてきたのです。ただし、まだまだ改良の余地があるモデル方程式です。

私たちは、粘菌の行動が「primitive ではあるが intelligence の芽生えではないか」と主張してきました。行動を発見しただけでなく、どのようにして解いているかという仕組みも提案していることを強調したいと思います。

以上の粘菌の実験は、粘菌の野外生息環境で起こりうるであろう状況を想像して考案されました。野外で起こる非常に複雑な状況を想定しながら、その中のごく一部分のある複雑さに注目して、その複雑さの本質をなるべく単純化して実験室で再現しました。注目する複雑さの本質を抽出しようというわけです。

ヒトにも受け継がれる原生生物の巧みな行動

やがて粘菌の賢さを探る研究は、アメーバやゾウリムシ、ミドリムシといった原生生物へと拡張され、いまでは原生生物一般へと広がろうとしています。近年では、原生生物のような単細胞生物の巧みな行動を包括的に概念化しようとする試みも行われています。そして、このような細胞行動の巧みさは、原生生物だけに孤立して存在するのではなく、じつは我々ヒトのような多細胞生物へと引き継がれていることも見直されています。

この本を読むと原生生物の予想以上の出来のよさを知ることになるでしょう。その仕組みにも具体的なイメージが持てるようになるでしょう。ただ、それらを知ってどう思うか、またそれらが一体何を意味すると思うかは、人それぞれだと思います。

「生きものが知的であるとは一体どういうことだろうか?」という本書のセントラル・クエスチョンは、古代文明の時代から問い直し続けられてきたオープン・クエスチョンなのです。原生生物の思いも掛けない高い能力を仰ぎ見ることは、これまでの生命観を書き換えることにつながります。また、それに伴って人間観を大きく変えてしまう可能性すらあります。

目次

第2章 粘菌とはどんな生きもの？

第3章 粘菌が迷路を解く

第5章
両立が難しい目的をバランスさせる粘菌の能力……111

第8章

粘菌の知性、ヒトの知性

考える粘菌

生物の知の根源を探る

第1章

単細胞の情報処理

「一寸の虫にも五分の魂」といいまして、虫けらごときにも生きとし生けるものとしての「生」があることを忘れてはならぬとされています。普段顧みぬほど小さい生きものにも、実際必死の生活があります。人類の歴史など足下にも及ばぬほど長い歴史を背負っています。何千万年、何億年という地質年代をずっと生き抜いてきているのですから、その営みはさぞ力強かろうと思われます。決して侮ることなどできないように思われます。果たしてその力強さとはいかばかりなのでしょうか？

最も単純な生物はたった一つの細胞からできています。体はどんなに小さくても、生きものである限り「生きるための必要にして十分な性能」は、そこにすべて存在して然るべきです。単細胞とて世知辛い生存競争を日々生き抜いているのでありましょうし、それなりの獰猛さやずる賢さを発揮して困難を凌《しの》いでいるやも知れません。

ところが、世の常識はこれに対して否定的です。「単細胞」と『広辞苑』で引けば、「考えの単純な人」という意味が明記されています。私自身これまでの人生で、馬鹿なことをしでかしたときに「単細胞！」などと罵《ののし》られたことは一度や二度ではありません。このような言葉の使われ方からわかるように、「考えの単純な」には「愚かな」という意味があります。

確かに、単細胞生物の行動には人間ほどの「複雑さ」は期待できないかもしれませんが、「単純であること」は、即「賢くない」ことを意味するのでしょうか？　一度、疑ってみる必要があるかもしれません。もしかしたら、単純ですっきりとした行動規範が、うまく成立していないとも限りません。私たち人間も、ややこしい状況では、シンプルに考えることで案外うまくいくことがままあります。

細胞と核とゲノム

生きものの体は、細胞という小さな単位からできています。ヒトの体も六〇兆個（六〇、〇〇〇、〇〇〇、〇〇〇、〇〇〇）ぐらいの細胞からできているといわれています（最近では三七兆個という見積もりも出てきました）。手足や脳もたくさんの細胞からできています。ヒトの体重が六〇キログラムだとすると、一キログラムあたり一兆（一、〇〇〇、〇〇〇、〇〇〇、〇〇〇）個の勘定になります。ヒトの体の大部分は水なので、ヒトの一キログラムも水一キログラムとだいたい同じ体積になります。ですから、その大きさは一〇〇〇ミリリットルになります。

一ミリリットルつまり一立方センチメートルの中には、何個の細胞があることになるのでしょうか？　一〇億（一、〇〇〇、〇〇〇、〇〇〇）個です。アーモンド一粒ぐらいの中に、一〇億個も入るような細胞。とても小さい。ざっと計算すると、細胞一個の大きさは、一辺が一〇〇〇〇分の一センチメートル（一〇マイクロ［10^{-6}］メートル、一〇ミクロン）の立方体に相当します。

一個の細胞からなる生きものを単細胞生物といいます。粘菌は単細胞生物です。ちなみに、細菌も単細胞生物です。細胞の一つ一つは、ふつう肉眼では見えませんが、粘菌は巨大化して何センチメートルにもなることができます。細胞が巨大化するわけです。この巨大化したものは粘菌の「変形体」と呼ばれるものです。十分大きくなった変形体は、肉眼で見ることができます。運がよければ、森の中で大きい変形体を目にすることができます。肉眼サイズの変形体は、およそ一時間に一センチメートルぐらいの速さで移動します。

細胞の中には、核と呼ばれる球体の構造物があります。核の中には、DNAという分子が詰まっています。DNAは、デオキシリボ核酸という物質名の略称です。この分子が、生物の遺伝情報を記録しています。DNAは、アデニン、グアニン、シトシン、チミンという四種類のユニットがひも状につながった細長い分子です。それぞれA、T、C、Gとアルファベットで表します。このユニットが三つ並ぶと、一つのアミノ酸と対応します。たとえば、GAGはグルタミン酸という具合です。アミノ酸には二〇種類ほどあります。DNAが遺伝情報として決めているのは、「どのアミノ酸がどのような順序でつながっているか」です。遺伝情報といっても、たったそれだけです。

アミノ酸がひも状につながった分子が、タンパク質です。タンパク質にはたくさんの種類があります。生物の体をつくったり、体内の化学反応（代謝反応）を促進したりします。たったこれだけの情報で、複雑で精巧な生物ができあがるというのですから、驚いてしまいます。

DNAが決めているのは、タンパク質だけ。しかしゲノム全体でみると、もう少し異なる面が浮かび上がってきます。あるタンパク質は、別の遺伝子からタンパク質をつくるかどうかを制御しています。遺伝子は、互いに制御しあっているため、全体としては複雑な相互作用が生じます。

そうなると、のっぺりとした遺伝情報が、「いつ、どこで、どのタンパク質をつくるか」という、時間や空間を含んだ挙動として現れてきます。DNAというひも状の分子に記録された一次元の遺伝情報が、時間軸と空間軸の中で立体的になります。そのとたんに、無機的な情報が、ずいぶん生き生きとしてきます。

ここにも、生きていることの鍵が潜んでいるのではないかと考えられます。遺伝情報そのものとは別次元のもう一つの鍵。これは、ゲノム情報が解き明かされてきた今日において、次なる問題として大きく立ちはだかっています。

この問題が難しいのは、目に見えないものを捉えることにあります。ゲノムというシステムが時空間の広がりの中でどのような挙動をとるかを明らかにするわけで、そのためには、ある種の運動方程式のようなものを解明することになります。

これは、直接目に見えないので、解析したり分析したりするだけでは到達できません。このことは、たとえば、リンゴが木から落ちるのは目に見えますが、ニュートンの運動方程式は目に見えないことと同様です。

細胞のモノとココロ?

細胞は、ミクロな世界にいます。核もDNAもタンパク質も、ミクロな世界にいます。同じミクロ世界ですが、それらの相対的な大きさは異なります。タンパク質は細胞より小さい。細胞の中にタンパク質があるのだから、それは当然です。

では、タンパク質は細胞よりどれほど小さいのでしょうか? ミクロな世界の大きさの違いを実感してみましょう。そのために、細胞の大きさを(一辺一〇マイクロメートルの立方体として)日常的な大きさに拡大してみることにします。

細胞が一辺一〇メートルの立方体としましょう。四〇~五〇人収容の小ホールぐらいでしょうか。タンパク質の一分子は、五ナノ［10^{-9}］メートルぐらいで、〇・五センチメートルになります。グリーンピースか魚卵のイクラぐらいです。細胞内空間にはタンパク質分子が比較的密に詰まっています。

タンパク質分子は、ブラウン運動によって常に激しく小刻みに揺れ動いていて、細胞の端から端まで数十秒程度かけて移動します。小ホールの中に満たされたおびただしい数のグリーンピースがすべて振動しながら、数十秒で端から端まで移動する様子を思い浮かべてください。活発な活動の様子がイメージできると思います。

ちなみに、この換算では、ヒトの身長（一メートル半とすると）は一五〇〇キロメートルになります。一つの細胞の中にある核の中のDNA分子を一直線に伸ばしてすべてつなげると二メートルほどになるといわれてますから、二〇〇〇キロメートルですね。

二〇〇〇キロメートルにも及ぶひも、遺伝情報が記録されたひも、それが小ホールの中に整然と折り畳まれています。こんなに長いものから、必要なときに必要なところだけ、しかも同時にたくさんの場所で、きちんとほどいて記録を読み出すのです。こんな芸当ができるとは、巧みにもほどがあります。まさに、驚くべきことです。

生きたシステムは、さまざまな機能を発揮します。取り巻く環境をセンシングしたり、情報を処理したり、移動したり、エネルギーを代謝したり、生殖したり、恒常性を維持したり、体を形づくったり、感染症に対して防御したり、養分を循環させたり等々、本当にさまざまです。細胞は、生体システムに必要十分な構成からなっているのですから、生体システムに本質的な機能性のすべてが細胞の中に見いだせるはずです。そんな単細胞を、なぜ私たちは、「単細胞（＝それほど賢くない）」と思っているのでしょうか。

一見すると、単細胞に現れる機能性の姿形は、高等動物のそれとは大きく異なります。アメーバの動きを見たとき、それが何を意味するのか、なかなかはっきりとはわかりません。そういうことが、一つの原因になっています。ですから、できるだけ大きく想像の翼を広げて、単細胞の行動を見直してみる必要があります。

単細胞生物のおもしろさは、なんといっても「単なる物質が集まって生きたシステムに化ける」ところにあります。単細胞の行動にもし賢さがあるとすれば、それをもたらす物質過程とはいったいどのようなものなのでしょうか？　自然にこのような疑問がわいてきます。この問題は、考えれば考えるほど捉えどころが判然とせず、きわめて悩ましいものです。そう遠くないところに、モノとココロの関係という問題も寄り添っています。これは、古代ギリシアの時代から（もしかしたらそれ以前から）続く大問題です。

単細胞の動物行動学

単細胞生物の知的側面については、じつのところ古くから繰り返し強調されてきました。たとえば一〇〇年ほど前、何人かの学者が、単細胞生物の知的側面について論じています。

フランスの心理学者であるアルフレッド・ビネーは、知能（intelligence）を推し量ることを企図してIQテストを考案したことで知られていますが、彼は『*The Psychic Life of Micro-Organisms*（微生物の精神生活）』という本を著しています。また、米国の生物学者ハーバート・スペンサー・ジェニングスは、ゾウリムシ（田んぼの水の中などを泳ぎ回る〇・一ミリメートルほどの単細胞生物）を顕微鏡で観察する中で、「仮にゾウリムシがイヌほどに大きかったら、イヌに感じるのと同じフィーリングをゾウリムシに対して持つだろう」と述べています。彼は、同じ刺激に対していつも同じように反応するのではなく、もう少し気ままなゾウリムシの様子を観察していました。そしてそれは十分感情移入できるほどだ、と。

彼は、「ある原生生物の心理学（The Psychology of a protozoan）」という題名の論文をはじめ、いくつもの関連する論文を心理学の学術専門誌『アメリカ心理学雑誌（*The American Journal of Psychology*）』に発表しています。「心理学」の雑誌ですよ！　ちょっと驚きです。彼の主張もさることながら、それを受け入れて掲載した学術誌の方もまた天晴《あっぱれ》だと思います。

単細胞生物の行動について、これまでに次のようなことも知られています。一九二四年にマストらは、アメーバが刺激に対して適応することを報告しました。彼らは、アメーバをガラスの上に置いて、横から光を細く絞って照射しました。アメーバはこの光刺激に対し、いったん後退し、さまざまな方向に仮足《かそく》を伸ばしたり縮めたりしながら、しばらくの間もじもじと試行的に動き回り、その後、最終的に光刺激から遠ざかりました。この刺激を三分間隔で繰り返すと、試行的もじもじ運動の時間が減っていき、六回目以降はまったくなくなりました。これは、「試行錯誤学習（trial-and-error learning）」の例です。

試行錯誤学習はゾウリムシでも知られています。たとえば、一八〇八年のスミス、一九一一年のデイらの報告です。

細長いガラス管に一部水を満たし、そこでゾウリムシを泳がせました。ゾウリムシには前後があって、進む方向が決まっています。ゾウリムシは、通常では、水面に到達するといったん後退し、向きを変えて逃避します。ところが、彼らの実験では管が細いので、簡単には向きが変えられません。水面まで到達したゾウリムシは、そこでしばらくもぞもぞと動きますが、突然体を大きく折り曲げて転回します。実験では、もぞもぞ運動の時間が、経験の回数に従って減少しました。八個体で試したところ、その大部分が九回の経験の後には、水面に到達すると速やかに体を折り曲げて転回しました。

条件づけ学習も報告されています。これは、「パブロフの犬」として知られている学習です。連合学習といい、二つの異なる刺激を関連づける能力が求められます。犬は、ベルの音だけを聞いても、よだれを垂らしませんが、ベルの音とともに餌をもらっていると、ベルの音を聞いただけで、よだれを垂らすようになるというものです。ベルの音と餌とを関連づけたわけです。このような条件づけ学習を、古典的条件づけといいます。ちなみに、「古典的」でない条件づけは、オペラント条件づけであり、たとえば、マウスが、レバーを押すと餌が出てくることを学習することなどです。

ゾウリムシが泳いでいるところに白金線を入れても、ゾウリムシが白金線に集まってくることはありません。餌であるバクテリアを白金線にくっつけて与えると、ゾウリムシは集まってきます。このような給餌を繰り返すと、白金線だけでもゾウリムシが集まってきました。これは、一九五二年のゲルバーの報告です。

条件づけ学習は、かなり高度な知的活動です。これが本当に単細胞にもあるのか、今日でも議論が続いています。実験に不備はないのか、再現性はあるのか、解釈に思わぬ落とし穴はないのか、さまざまなことが議論されています。ゾウリムシは、温度刺激、光刺激、機械刺激に反応します。それらの刺激の間で連合が成立するとか、いやしないとか、ブラムステッド（一九三五、一九三九年）、アルベルデス（一九三七年）、グラボウスキー（一九三九年）、ゾエスト（一九三七年）、シュゴニナ（一九三七年）、ディブシュラグ（一九三八年）、チャコチン（一九三八年）、フレンチ（一九四〇年）、小野（一九五一年）らが、活発に議論しました。

単細胞の案外高い行動能力については、もうすでに一〇〇年前には知られていたのです。そして、その潜在能力がどれほどなのかは、まだまだはかり知れません。

生きものの情報処理

単細胞には脳がないのにどうやって情報処理をするのでしょうか？　問題を解く賢さはいったいどこにあるのでしょうか？　生きものの問題解決能力やその方法については、まだまだわからないことだらけです。

自分自身のことですら、よく考えてみるとわからなくなることがあります。読者の皆さんは友だちの顔を見て、「あっ、だれだれだ」とすぐわかりますが、どうやって顔の特徴を捉えているのか他人に説明できますか？　説明できないけれど、間違えることなくやれてしまいます。不思議な気がしませんか？

もしあなたが野球をやっているなら、飛んでくるフライを走っていってキャッチすることがあるでしょう。ボールが落ちてくるところが、どうしてわかるのでしょうか？　こういうこともまだよくわかっていません。仕組みや方法はよくわからないけれど、生きものはさまざまなことを上手にこなしています。生きものの情報処理の仕組みは、謎だらけです。

情報処理の方法として、パソコンで実施しているように、集中管理的に行うやり方があります。パソコンの中には、ＣＰＵ〈中央演算処理装置〉と呼ばれる中心的な処理ユニットがあって、それが全体を完全にコントロールしています。ＣＰＵはいわば司令官です。

司令官は全体の動向を監視していて、どうすべきか判断し、各人を動かします。ですから、各人は命令がくるまで動きません。また、動けません。司令官の能力を超えない限り、システムはうまく作動します。非常にきちんと作動します。しかし、想定外のことが起きたり、さまざまなことが同時に起きたりすると、司令官の判断と指令が追いつかず、システムは破綻してしまいます。

これを克服するにはどうすればよいか？

各人にも、もう少し自律性を持たせ、自発的な判断を行わせてはどうか、と考えたくなります。このような考えを突き詰めて、「司令官はなし、各人自律的に動くのみ」としたやり方を、集中管理方式に対して「自律分散方式」といいます。

いや待てよ、「各人が自律的に動くとなると、全体としての調整というか、調和や秩序は大丈夫ですか？」と不安になります。事実そのとおりで、システム全体が烏合《うごう》の衆と化し、なんら機能を発揮できずに破綻する可能性も大です。

しかし不思議なことに、自然界では、自律分散的にうまく作動するシステムがたくさんあります。全体を見渡している司令官がいないようなシステム、そして各人が自律的に動いているシステム、それでも全体がうまく作動するシステムです。水族館で、イワシの群れがダイナミックに形を変えながら泳ぐ様子を見たことがあるかもしれません。イワシの群れには決まったリーダーがいないのに、大きな魚に食べられる危険を少しでも回避できるように、うまく機能しています。一つの典型的な自律分散システムです。アリが行列をつくるのもまた別の一例です。このようなシステムから、自律分散性でうまく作動するシステム制御の方法を探り出そうという研究が活発になされています。

一般に、生物の情報処理は自律分散的です。「異議あり！　脳は中枢神経系ではありませんか？」といわれるかもしれませんが（それはそうなのですが）、脳自体の中には司令塔となるような中枢は（たぶん）ありません。むしろ、脳は同様な要素の並列回路（神経細胞のネットワーク）からなっていて、情報処理はそれら同質要素の相互作用に基づいています。そのような認識に立って、並列計算機としての脳が研究されています。

一方、脳や神経系を持たない原始的な生物ではどうでしょう？　そのような生物では、身体運動そのものが何らかの形で情報処理の過程を担っていると考えるのがむしろ自然でしょう。目に見える形で現れる身体運動、特にアメーバでは原形質と呼ばれる粘った物質の運動を捉えると、そこには情報処理の過程も「もれなくついている」と期待できます。

今、あっさりと当たり前のように「身体運動が情報処理を担う」と述べました。じつは、これはたいへん大胆な見方です。脳や神経ではなくて、体が脳的な活動をするといっているわけですから。「体が考える!?」ということまで暗に主張しています。

しかし、進化の歴史を振り返れば、神経系が現れたのはずいぶんと後になってからのことで、それまでの生きものはずっと神経なしに情報処理をしてきたのです。

意図的行動の特質

ここでヒトの知性について振り返っておきましょう。もともと知性という言葉は、ヒトを対象にしてつくられたものだと思われます。ヒトには意識、さらには高度な言語能力があります。これらを存分に使いこなしてロケットやスマートフォンなどの文明の利器をつくりあげてきました。

意識や高い言語能力は、ヒトがいるその場所そのときから自由に移動することを可能にします。移動といってももちろんバーチャルな意識世界での移動です。つまり、この先のことや遠く離れた場所の状況を見渡しながら、その中で自分がどうするのがよいかを選ぶことができます。いわば、自分の行動シミュレーションです。こういうことが高度にできるところが、ヒトの秀でた知ではないかと思います。ですから、意識や言語をぬきに知を考えることは馬鹿げているとさえ思えます。

その一方で、ヒトは自分自身のやっていることを案外わかっていないという逆の面もあります。たとえば、これまでにも述べてきた、ヒトの顔の認知や野球のフライボールの捕球動作などもそうです。また、脳科学の進歩とともに、「私という意識(awareness, consciousness)」の実に頼りない面が次々に明らかにされています。

私という意識にまつわる意外な話は、近年の認知科学では枚挙にいとまがないほど報告されています。デイヴィット・イーグルマンの『私の知らない脳』を読んで、たいへん驚きました。また、行動経済学では、人の行動がそれほど合理的でもなく、多様な認知バイアスに強く支配されていることを明らかにしています。ダン・アリエリーの『予想どおりに不合理』という本を読んで、驚きました。自分のことはあまり信用しない方がいいかもしれないと思うようになりました。

自分のことは自分でよく把握していて、自分のことは自分で思いどおりに動かしている、という常識的感覚からすれば、なんとも薄気味悪いものです。しかしながら、よくよく考えてみれば、多くの情報処理は無意識にやっています。「私の意図や意識」などというものは、人間の精神活動全般からすれば、ほんの一部であって、水面上に顔を出す氷山の一角みたいなものだというわけです。そこで、意識や言語能力を前提としない情報処理のあり方というものを、生物種を広く見渡しながら考える必要があります。

このような考えから、この本では、意識や言語を必ずしも必要としない知の側面に注目します。そして、その根本を追求するためにこの本では粘菌（単細胞性の真核生物である原生生物の一種）にスポットをあてます。

単細胞の知性を研究するといっても、上記のような人間レベルの「知性」とは、大きなギャップがあります。私たちが目指したのは、そしてこれからも目指すのは、人間が人間らしいと思うような行動の芽生えを、単細胞に探すことです。単細胞の知性の研究は、「私って何？」という素朴な疑問を出発点にして、進化の道筋をどんどん遡って、その源流をたどってみよう、という探検です。人の知性とはやはり大きなギャップがありますので、誤解の無いように細胞レベルで現れる知的なるものの原型、もしくは出発点のようなものを、原始的知性とか原生知能と呼ぶことにします。そしてひとまず、必ずしもヒトの行動との比較を必要としないという立場で、この原生知能を探究していきます。そして、最後の章で人の知性との比較を検討してみます。

細胞は生命活動の原点

細胞は、最小の生きたシステムです。そして、すべての生物はこの細胞なるものが集まってできていることを素直に考えてみますと、個体の生きる活動は、突き詰めていくと生きた細胞の働きにたどり着きます。細胞は物質の集まりですので、細胞の成り立ちや働きは、物質の法則にのっとって生み出されているはずです。

細胞は、それぞれの置かれた場所で生きる力を持っています。いわば、「置かれた場所で咲く」力とでも申しましょうか。それは、時々刻々と移り変わるその場そのときの状況に対応する能力ですから、細胞自身の状態が時間とともにどのように変わっていくかを捉える必要があります。物質の法則、とくに運動法則が鍵なのです。細胞の形や働きを、物質の運動方程式で捉えることが、細胞情報処理に肉薄できる有力な手立てだと思います。

細胞は、「一つのシステム」としてのまとまりがあります。このまとまりはどのように物質の運動法則から生み出されているのでしょうか？　生命活動は毎日私たちの目の前で繰り広げられているにもかかわらず、その目に見える現象の背後にあってそれを突き動かしている運動法則はまだまだ多くの謎に包まれています。

一方で、物質の運動法則については、日進月歩の理解が進んでおりますから、運動法則から切り込んでいくのは自然な糸口だと思います。そんな考えに基づいてこの本は書かれています。そして、その考えを具体的に押し進めてきた研究で扱われてきた生物の一つが粘菌なのです。

ヒトが単細胞になるとき

単一細胞の行動能力という視点にたってみると、私たち自身の体を見る目もそれなりに変わってきます。私たちヒトの体はたくさんの細胞が集まって構築されています。しかも、どの細胞も同じ遺伝情報を持っています。なぜなら、元は受精卵という一つの細胞から細胞分裂を繰り返してたくさんの細胞をコピーしてきたからです。コピーされてできた細胞がやがて分化して多様な性質を発現し、お互いに役割分担して協調するようになって一人のヒトという個体、つまり多細胞性個体ができあがります。このように、同じ遺伝情報を共有する多細胞性個体をつくるには、一旦単細胞になる必要があります。

ヒトという個体の始まりは一つの細胞です。その大元の一つの細胞をつくりだすのは、二つの異なる細胞である、精子と卵子です。精子と卵子は、単細胞性の個体といってよいでしょう。世代交代の重要な場面で、ほんの短い時間ですが、ヒトは一旦単細胞性になります。

ヒトの精子は、膣の中を卵子の方に向かって泳いでいきます。このとき、遺伝情報の異なるたくさんの精子が一緒に泳ぎます。液体とも固体ともつかない粘液の中を、鞭毛という細長い尻尾のような突起物を動かして、決して平坦ではない道のりを、精子にとってはまさに果てしなく遠い距離を泳ぎ続けるのです。

そのときには、お互いに協力しながら、また一方で競争しながら、泳ぐといわれています。一つの精子に注目すれば、困難な状況で卵子に到達するまでに、その場そのときで泳ぎ方を調節しており、この意味において、精子も情報処理をしているといえます。

精子の遊泳は、らせん軌道を描きます。鞭毛を動かすとき、旋回する力も生じるからです。旋回遊泳なんてとても特殊な泳ぎ方だと思うのですが、じつは単細胞性の原生生物が繊毛や鞭毛で泳ぐときにはごくふつうに見られる遊泳方法なのです。

そして、精子の鞭毛は、原生生物の鞭毛や繊毛と同じものであることがわかっています。分子的にみると、どれも同じタンパク質でつくられた同じ基本構造を持っています。その構造は、9＋2構造と呼ばれています。これらの意味において、精子の旋回遊泳は、原生生物の旋回遊泳と深いつながりを持っています。

原生生物は、彼ら自身の生息環境で巻き起こる困難な状況においても、この旋回遊泳を巧みに調節して彼らなりに上手に生き抜いています。原生生物のもつ旋回遊泳の巧みさは、精子の旋回遊泳にも引き継がれているのではないかと思います。

細胞の情報処理を突き詰めていくと、単細胞生物のみならず多細胞生物の理解も深まります。生命現象の非常に重要な一面が解き明かされます。細胞は、驚くべき共通性をもった生命の基本単位なのです。

第2章

粘菌とはどんな生きもの？

粘菌という名前を日常生活で耳にすることはほとんどありません。なんとなく遠い存在のように思うかもしれませんが、実際はごく身近にありふれています。ちょっとした藪に入って地面に目をやると、枯れ葉や朽ち木が土にまみれて積もっているところがしばしば見当たります。そのようなところにはたいてい粘菌がいます。ですが、ふつうは目には見えません。とても小さいからです。

生物は、区別の大きさから、界、門、綱、目、科、属、種と分けられます。いちばん大きい分類である界は、いくつあるでしょう。じつは、いくつもの説があってまだ定まっていないそうです。ここでは、その中で比較的標準的なものの一つである「五界説」に従うことにします。

五界とは、多細胞体制である「動物界」、「植物界」、「真菌界」（カビやキノコ）、それに単細胞体制である「原生生物界」と「モネラ界」の五つです。モネラ界とは細菌類のことで、原核単細胞です。原核細胞とは、細胞内に核というはっきりした構造物がなく、DNAが細胞中に分散している細胞をいいます。

粘菌は、原生生物界の中に入れられています。原生生物界はおおむね真核単細胞です。真核とは、核を持っているという意味です。

ただ、粘菌は、動物や真菌などにも近い性質を有しており、五界説への納まりはよ

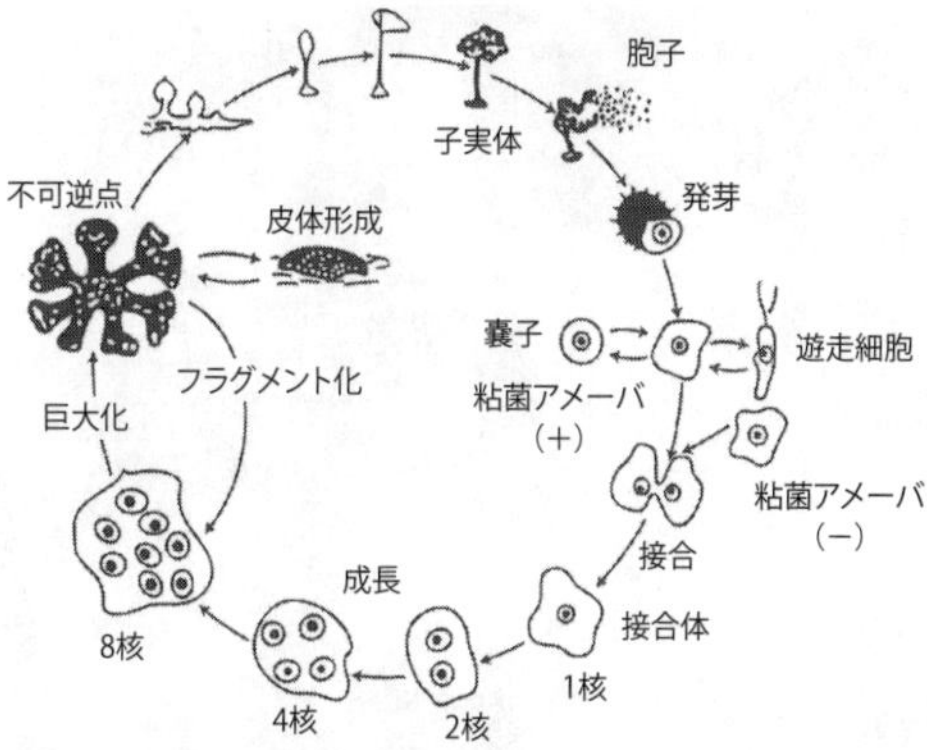

図 2-1　真正粘菌のライフサイクル。胞子からアメーバとなり、アメーバが接合して変形体となる。環境条件が悪くなると皮体となって休眠したり、胞子となる

くありません。粘菌の分類を専門にしている研究者（国立科学博物館の萩原博光氏）は、このことを「五界に住処《すみか》なし」と印象的に表現しています。これは、粘菌のライフサイクル（図2—1）を見るとよくわかります。

ライフサイクル

ひと口に粘菌といっても、数百種類もいます。まず、細胞性粘菌と真正粘菌を区別しておきましょう。

この本に登場するのは真正粘菌のほうです。その中の一種、モジホコリ（*Physarum polycephalum*）（図2—2）が主人公です。数百種類の粘菌はそれぞれ個性的で興味は尽きないので

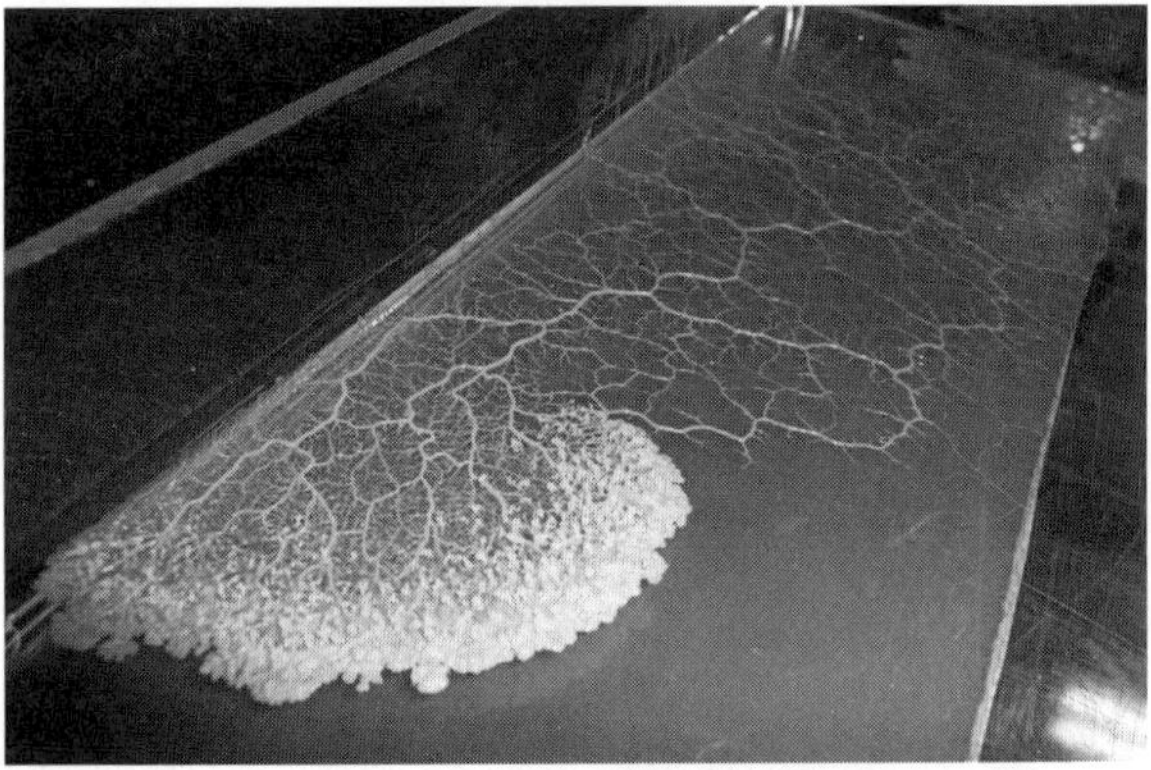

図 2-2　寒天ゲルの上を這う粘菌「モジホコリ」

すが、この本ではモジホコリ以外には触れません。粘菌の多様さについては、以下の二冊の本が参考になります。『日本変形菌類図鑑』萩原博光・山本幸憲著（平凡社）、『粘菌　驚くべき生命力の謎』松本淳著（誠文堂新光社）。どちらも美しい写真が満載のすばらしい本です。二冊とも写真は、伊沢正名氏によるものです。

モジホコリの変形体は、変形体にとって好ましくない環境では、真菌類のような胞子、あるいは皮体《ひたい》（菌核ともいう）になって、いわば休眠します。胞子は、ゲノムを一セット持っています。

胞子は、風に乗ってさまざまなところに飛んでいきます。気温や湿度などの条件が好ましいと、胞子の殻が割れて、菌糸ではなく、アメーバが出てきます。

このアメーバには性があり、接合します。性は二つ以上あることが知られていて、どのタイプがどのタイプと接合するかが調べられています。接合すると、ゲノムが二セットになります。ゲノムを二セット持っている状態を、核相が複相であるといいます。一セットの場合は、単相といいます。

複相の粘菌アメーバは、栄養が十分であれば約一〇時間ごとに核分裂をします。しかし、細胞自体は分裂しません。なので、核の数が二倍、四倍、八倍と増えて、細胞自体が大きくなります。このように巨大化したものが、「変形体（plasmodium）」です。

変形体は、別の個体と出合うと自然に融合してさらに大きな変形体になります。この融合は必ず起きるわけではありませんが、ある条件が許せばふつうに起きることです。生育環境が悪くなると、胞子をつくります。このように、変形体は、多細胞体制と単細胞体制との中間的な体制をとっています。

収縮リズム

数センチの変形体ともなれば、おびただしい数の核が含まれています。このような変形体を一ミリぐらいの大きさに切り刻むと、切られた小片は三〇分ほどの間にちゃんと再生して、完全な変形体になります。

変形体は、一見すると薄く塗り広げたマヨネーズかマスタードのような質感です。シート状に広がり、同時に、そのシートの中に管のネットワークを構築します。管の中は栄養や信号が活発に流れ、ヒトでいう血管網や神経系のような機能を担っています。管ネットワークの中は自分の体も流れるので、運動器官ともいえます。管の中の流れを観察すると、流れの向きが周期的に変わるのが見えます。リズムを刻んでいるのです。その周期は二分ほどです。

顕微鏡を覗いてこの流れとそのリズムを初めて目の当たりにしたときの感激は、忘れることができません。何度見ても、うっとりとします。顕微鏡の照明に照らされて浮かび上がる黄金色の体、その姿形の美しさ。小さな油胞（ミセル）をたっぷりと貯め込んだ半透明なゼリー状の塊が、音もなくあちらこちらへと流れる穏やかな躍動。自然美とその摩訶不思議に心を奪われる刹那です。

リズムは、体形の変化を伴います。タイムラプスビデオで撮影すると、ピクッ、ピクッ、とゆっくり震えているのが、はっきりわかります。周期的な収縮‐弛緩運動を繰り返します。リズムを刻むごとに、一つずつ歩を進めるかのごとく、変形体は、脈動的に前方に流れます。

変形体の体は、大雑把にいうと、外側がゼリー状のゲル（外質）、内側がコロイド状の溶液としてのゾル（内質）です。収縮リズムを引き起こすのは、機械的な力です。力の源は、タンパク質の運動です。ヒトの筋肉を構成するのはアクトミオシン〔アクチンとミオシンから成る複合体〕というタンパク質ですが、それと同種のタンパク質が変形体にもあって、力を生み出します。外質のある部分が収縮すると、内質に圧力がかかります。内質は圧力の低いほうに流れ、そこで外質を押し返します。押された外質は、膨張します。変形体内部では、あちこちで押し合いへし合いしているのです。これが体形の震えです。

リズムの源、すなわち時計はどこにあるのでしょうか？　アクトミオシンの収縮運動を調節する因子、カルシウムイオン、アデノシン三リン酸などの濃度が振動していることが知られています。源は、化学反応がつくりだすリズムです。

六〇年ほど前より、粘菌はモデル生物として用いられてきました。特に注目されたのは、細胞レベルで発現する活発な収縮運動やリズムです。一九四二年に大阪大学の神谷宣郎先生が、複室法という方法を考案して往復流動の駆動力を厳密に測定することに成功しました。それ以来、一連の細胞生理学的研究が世界各国で始まりました。

味覚

粘菌は、さまざまな化学物質に反応します。

典型的な栄養素の一つであるブドウ糖（〇・二モル濃度）を体の一部に接触させると、粘菌はそこに寄り集まってきます。一方、塩化カリウム（〇・二モル濃度）やキニーネ（一〇ミリモル濃度）を与えると、忌避行動を示します。好き嫌いは濃度に依存します。ブドウ糖も高濃度になりすぎると、粘菌は寄り集まりません。

実験室で粘菌を飼育するときには、市販のオートミール（雪印乳業「クェーカー・オートミール」）を餌として与えます。オートミールを粘菌の上に振りかけると、乗り上がって全体を包み込み、養分を吸収します。刺激に対して寄るか逃げるかで好き嫌いを定義すると、納豆や茸《きのこ》のシメジは好きですが、醤油やピーナッツは嫌いです。ちゃんと食べ物を判断していることがわかります。

オートミールとアミノ酸混合物（ミルクのタンパク質カゼインをアミノ酸に分解したカザミノ酸）で飼育した粘菌は、アミノ酸にもオートミールにもそれなりに寄り集まります。一方、オートミールのみで飼育した粘菌（窒素源であるアミノ酸欠乏状態）は、オートミールにはそこそこにしか集まりませんが、アミノ酸には盛んに集まります。アミノ酸混合物だけで飼うと（主に炭素源であるオートミールの欠乏状態）、アミノ酸にはそこそこに、オートミールには活発に集まります。自分に必要なものを心得ていて、それをちゃんと積極的に求めるのです。

そもそも、絶食させた後にオートミールを与えると活発に寄り集まってきますが、十分オートミールを与えた直後ではオートミールにはそれほど集まりません。お腹が減っているか、お腹がいっぱいかで、食いつき方がまるで違うのです。こういう振舞いを見ていると、やっぱり単細胞だって同じ生きものなんだなと実感します。

これは化学物質が体に直接触れることで起きる反応ですから、いわば粘菌の有する味覚能力といえるでしょう。

培養に用いるオートミールは、どのブランドでもよいというわけではありません。ブランドによっては、あまり食べません。好んで食べるものもあります。中に含まれる栄養素の種類やバランスによるのでしょう。

チェコのプラハ化学工科大学非線形動力学センターで実験をしたときのことです。到着後、さっそくスーパーにオートミールを買いにいったところ、あるわ、あるわ！　幾色ものオートミールが！　生産農法、加工工程、会社、生産地域（国）等々の違いで、幅広いバラエティがありました。あちらの国では、食事はもちろんのこと、お菓子（オーツクッキーなど）にもよく使われる馴染み深い食材です。需要も高いのでしょう。値段が安いこともあって、いろいろ買って試しました。

明らかに好みがありました。それも歴然とした差が出ました。最も好んだのは、有機栽培もので麦粒そのまま（米でいえば精米しない玄米のまま）を、昔ながらの素朴な工程でつくったものでした。パッケージの説明書きを読んだ限りの知識ですから、多少の誤解もあるでしょうが、いわゆるオーガニックの品でした。粘菌もなかなかグルメなのです。

ただし、グルメといっても、ドライフルーツやナッツ入りのものは好みませんでした。ドライフルーツ片やナッツには近寄らないのです。ピーナッツの周辺一センチ以内には、決して立ち入りませんでした。粘菌が飼育桶いっぱいに成長しても、ピーナッツの周りは空き地のままでした。よく見てみると、ピーナッツからにじみ出た油分を嫌っているようでした。ドライフルーツが苦手な理由の一つとしては、高濃度の糖分が考えられます。

嗅覚・視覚・触覚ほか

気体状の化学物質に対する反応は、ヒトでいえば嗅覚に相当します。粘菌にも嗅覚があります。

バニラの香り（バニリン）は、ヒトにとっては、まことに香ばしいのですが、粘菌は嫌います。バニリン水溶液を入れた容器を培養桶の中で静かに放置しておくと、粘菌はバニリンから遠ざかります。お酒（エタノール）も嫌いです。お酒に酔っぱらった息を吹きかけると逃げます。タバコの煙も好みません。好まないどころか、死んでしまうことさえあります。タバコは粘菌にとってもいけません。

また、気体状の水分子にも旺盛に反応し、濃いほうを好む傾向が認められます。これは、すなわち湿気に対する走性であって、じめじめした高湿なところが好きなようです。

粘菌は、光に対しても反応します。特定の色（光の波長）に反応して逃げることが知られています。青色（波長四六〇ナノメートル）、近紫外線（三七〇ナノメートル）、遠紫外線（二五〇ナノメートル）の光です。これらの光を受けると、体内で活性酸素という傷害性の物質が産生されるため、粘菌にとっては危ない光です。ヒトは、紫外線を見ることができないため、紫外線を浴びても気づきません。しばらくして、日焼けによる皮膚炎や、網膜破壊による失明が起きて初めて気づきます。しかし、粘菌は紫外線に対する感度が高く、また反応も速やかで、数分のうちに逃げ始めます。

ほかにも、赤い光や赤外線に反応して、ある種の形態形成を引き起こします。また、粘菌の変形体が胞子になるときには、メラニン色素をつくる必要があり、そのためにある程度の青色・紫外線の光が必要です。光の受容は、特定の光受容タンパク質が担っていると考えられています。

触覚を「物体表面を触って物理的な性状を感知する能力」と捉えるなら、粘菌にも触覚があります。物体の表面は、凸凹のきめ細かさによって、撥水性《はっすい》（水をはじく性質）を高めることができます。もし素材が疎水性（水にぬれにくい性質）なら、表面を凸凹にして一定区画内の表面積を稼げば、撥水性はそれだけ高まります。このようにして、化学的には同じ材料でも、表面の撥水性を変えることができます。粘菌は、このような表面の違いに反応することができるのです。

粘菌を針でつつくと、直ちに反応します。活発な往復原形質流動が停止します。しばらくすると、流動は復活します。粘菌が這う寒天ゲルに電気を流すと、やはり粘菌は反応します。陽極（プラス）側への進行を止め、陰極（マイナス）側へ移動します。また、粘菌はセロファンやガラスの上を這いますが、食品用ラップフィルムいわゆるサランラップ（ポリ塩化ビニリデン）の上は這いません。

音に対する刺激応答は、ほとんど調べられていません。粘菌の聴覚は未知です。ただ、音も空気の振動という意味では機械刺激なので、粘菌では触覚の一部と考えることなるのかもしれません。
ほかには、重力、磁場にも反応することが報告されています。

粘菌は、外界の変化を捉えるさまざまな感知システムを有しています。外界が何らかの変化を起こせば、粘菌はその変化を豊かに感受します。

ヒトの場合は、五感の専門器官があります。その情報が、脳に集められ、統合され、判断されます。粘菌は均質な細胞体で、分化した感覚器を持ちません。実際、粘菌のどの部分も感受性を示します。いわば、味覚器、視覚器、嗅覚器、触覚器なるものが、体の至るところにあるわけです。一方、情報の統合、判断も、同じ体の場でなされます。判断の後、アウトプットである移動運動も同じ体が担っています。刺激受容・判断・応答という一連のプロセスは、すべてこの細胞体の中で実現しています。

発育をうながす環境

粘菌の行動実験では、元気のよい粘菌を育てることが第一です。ところがこれが一苦労。ただ生存させるだけなら決して難しくありませんが、元気な状態を維持するのは容易ではありません。とらえどころのない、マニュアル化しにくい面があり、粘菌の実験を始めたばかりのころは飼育につまずいて難儀します。

飼育は、暗所、セ氏二五度、寒天ゲルの上で、オートミールを与えて行います。粘菌にとっては、どれも好ましい条件です。ただし、無菌状態ではないので、種々の雑菌が常に共存しています。

粘菌変形体には独特の匂いがあります。私は、「(カビくさいような酸っぱく汗くさいような)田舎の古びた畳の匂い」を連想しました。実験室に見学にきた人には匂いを嗅いでもらい、どんな匂いがするかを尋ねることにしています。これまで、「柑橘系の香り」、「松茸味のお吸い物の香り」などを連想した人がいました。概して、悪い匂いではないという感想です。粘菌の周りで雑菌が繁殖すると、雑菌のくさい匂いがするため、よくない培養状態になっていることがすぐわかります。飼育するときは、粘菌の匂いを嗅ぎながら状態をうかがいます。

昔は、野生株の粘菌なら生ゴミと一緒に焼却処分していました。手厚く飼育された粘菌がどんどん弱るのとは裏腹に、生ゴミと一緒の粘菌がゴミ箱で元気に成長することがしばしばありました。がっかりするやら、くやしいやらです。「発育とは?」と考えざるをえません。過保護はよくないと思ったものです。ときどきは、荒々しい世界で揉まれることが必要です。また、環境がずっと一様というのもよくありません。

培養桶の中はどこへ行っても同じ、来る日も来る日も同様ですが、ゴミ箱の中はお茶殻あり、弁当の食べかすあり、紙くずあり、しかもゴミ箱の底と上の縁では物理環境も違います。バラエティ豊かな環境の中で、そのときそのときの自分の都合に合った好きなところへ移動できます。人間同様、粘菌にもやはりこういうことがきっと不可欠なのでしょう。

粘菌の飼育では、毎日一回は世話をしなければなりません。新しい培地に移し替え、餌をやります。土曜日も日曜日も続けなければなりません。ともすれば単調で空しい作業になりがちです。

しかしながら、おのれの五感を研ぎ澄まして臨む限り、決して退屈なものではありません。新しい研究のヒントがそこにあります。何年も飼い続けたからこそ到達できる、粘菌を見る「眼」が培われるハズです。それは、一度到達すれば決して失うことのない財産になるのです。

モデル生物としての粘菌

生きものの賢さの根源的な性質を調べるためには、粘菌という生物は、またとないすぐれたモデル生物です。モデル生物とは、単刀直入にいうと「一点突破の全面展開」です。その生物を深く追求した後、生物界一般に適用できる普遍的な理解へと広げていくことを目指します。

粘菌の変形体は巨大なアメーバ様生物で、入り組んだ形態や構造がそれほど発達していません。要するに均一性の高い体制です。ミクロな構造はさておき、マクロには単にべたべたした物質のようであり、まさに「生きもの」と「物」との境目を追求するにはうってつけです。きわめて「物っぽい」生きものなのです。

変形体は数センチ以上に大きくなります。これも利点です。日常的なサイズであれば、扱いが容易です。動きを肉眼で観察することができるため、日常生活のちょっとした変化に気づくチャンスがあり、また想定外の行動を偶然目撃することもあるでしょう。一時間に一センチほどの速さで這い回る点も好都合です。そのような活発さや、これから述べるような行動の多様さは、研究する者を退屈させません。粘菌は、置き換え難いすばらしいモデル生物です。

粘菌をモデル生物として扱うアイデアは、一〇〇年ほど前の博物学者である南方熊楠の書き残したものにすでに認められます。

粘菌は、動植物いずれともつかぬ奇態の生物にて、英国のランカスター教授などは、この物最初他の星界よりこの地に堕ち来たり動植物の原《もと》となりしならん、と申す。生死の現像《げんしょう》、霊魂等のことに関し、小生過ぐる十四、五年この物を研究罷《まか》りあり。

（柳田国男宛書簡）

標本を集め、新種を発見し、目録をつくって、粘菌研究の世界で名を残した熊楠ですが、粘菌を観察することで、宇宙の摂理に思いを馳せていたようです。「霊魂」を「意思」や「心」あるいは「知性」に、「生死」を「生きた状態と死んだ状態の違い」に置き換えると、この本で扱う問題と重なります。

粘菌は、多くの人を引きつける魅力を持っています。

たとえば昭和天皇も魅了された一人でした。粘菌の分類研究に専心され、新種を発見されております。宮﨑駿監督の『風の谷のナウシカ』には、粘菌が出てきます。ナウシカが、「この菌には意思があるのか！」と叫ぶくだりがありますが、私たちはそれを科学研究のテーマにしているわけです。日常の食卓での微生物との関わりを描いた石川雅之氏による『もやしもん』にも、粘菌が迷路の最短経路を解くことが、一度となく描かれています。次の章では、そのことを見ていきましょう。ともかく粘菌という生きものは、人それぞれの何か独特のイマジネーションをくすぐるようです。

第3章

粘菌が迷路を解く

粘菌はどれほど賢いのでしょうか？　実験して確かめてみましょう。でもどうやったら、賢さを測ることができるでしょうか？　そこで、チンパンジーの知能テストを思い出してみましょう。

チンパンジーは道具を使ったり、記号を操作するなど、高度な能力が知られています。それらの試験をするときには、ご褒美《ほうび》がつきものです。難しいタスクをやり遂げたとき、たとえば一かけらのリンゴがもらえます。そのご褒美が問題を解く動機づけになっています。

ヒト以外の生物は何であれ、採餌《さいじ》行動に引っ掛けて何らかのタスクをやるように仕向けるほかありません。当の本人にとってはじつのところ、問題を解くという行為は餌にありつくための手段にすぎないということです。餌が簡単に手に入らないとき、なんとか工夫して手に入れようとする性質を利用したのでした。

粘菌にも同じような考え方で一つのテストをつくってみました。

ちょっとした困惑――餌があっちとこっちに

少々小さめの餌をあちらとこちらに離して置いてみました（図3―1）。粘菌にとってみれば、できれば両方にありつけたほうが都合がよいのですが、離れているので何か工夫が必要です。粘菌の身になって考えてみましょう。片方に行くのか？　両方に行くのか？　いずれにしろどうやって？

「ビュリダンのロバ」という古くからある逸話では、二つの餌が、まったく同等で同じ距離だけ離れているならば、それらはまったく対等なので、ロバはどちらに行ってよいか判断がつかずについには飢えて死んでしまう、などといわれています。滑稽に思われるかもしれませんが、論理をつくりこんでロボットを動かそうとすると、このようなことも案外問題となるそうです。

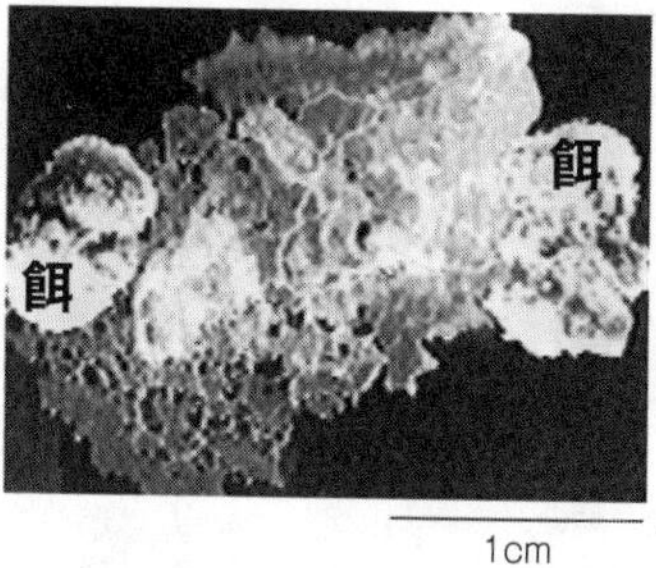

図3-1　寒天ゲル上に広がる粘菌に2つの餌小片を与えた

これまでの単細胞の実験では、一カ所に餌があるとか、毒があるとか、主に単純な状況が用いられてきました。細胞がどのようにそれら化学物質を感知して動いていけるのかは、それ自体興味深く、多くの研究者を引きつけて止みません。細胞運動は今日の細胞生物学の主要なテーマの一つです。ところが、情報処理・判断という面からすると、その行動は、あまりにも自明のような気がします。

餌があっても食らいつくことができずに、危険から逃げることもできずに、果たしてどうして生き残ることができるでしょう。思うように餌にありつけないようなとき、はじめてその秘めたる能力を発揮する動機が生じます。先に述べた比較的簡単な「ままならなさ」、すなわち「二つの餌場所が離れてあるような状況」では、粘菌は現実に次のような行動をとりました。

図3—2を見てください。二つの餌場所にほとんどの体（原形質）が集合し、かつその二つの原形質塊を一本の細い管で結びました。細いといっても粘菌がつくる管としては最も太い部類の管でした。管は多少の蛇行をするものの、概して真っすぐです。ということは「最短経路」で二つの餌場所をつないでいます。少々深読みしすぎの感もあるのですが、研究を推し進めるときには極端に前向きになることはしばしば有効です。

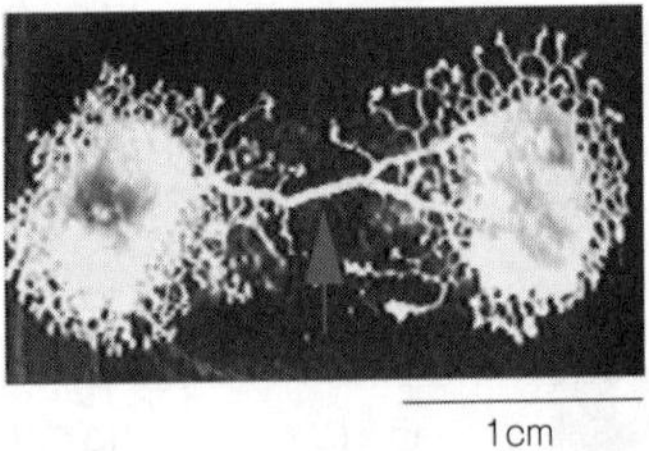

図3-2　実験開始から21時間後。体の大部分が餌の上に集積し、その餌場を1本の太い管でつないだ

お宝を発見・発掘するときには、手がかりを見つけては掘ってみます。掘ってみて何もなければ、何か無関係なものを手がかりと思ってしまったことがわかります。こんなものは手がかりでもなんでもないと高をくくる態度は、要注意です。これまでの常識に従って、こんなものは手がかりでもなんでもないと思うよりは、こんなふうに考えてみると案外、手がかりかもしれないと発想できるほうがよっぽどすばらしい、と私は思います。

研究するとき、私は二人の自分を頭の中に用意するように努めます。一人は極端に前向きな人、つまり簡単に手がかりだと思う人、もう一人は極端に批判的な人、つまり出てきた宝が真の宝か偽物かを厳しく検証する人です。このようにして、どんどん自説をつくっては、それを壊し、さらに叩き上げていきます。

最短経路の生理的意義

さて、なぜ、粘菌は最短経路の管で餌場所をつなぐのでしょうか。私たちはこんなふうに解釈してみました。粘菌はお腹が減っていますから一刻も早くたくさんの餌を吸収したかろう、他方、一匹としては一つにつながっていたいだろうと。大きい体でいれば、ミクロな細菌やカビなどを食べてしまうのに都合がよいですし、より広い範囲の情報を集めることができます。また、急な環境変動、たとえば急速に空気が乾燥してきてもよりしぶとく耐え忍ぶことができます。これらは粘菌の生理的な欲求です。

できるならば、なるべく両方とも満たしたほうが幸せです。

粘菌を一つの生存タスク実行マシンと考え、生存タスクの最適化という立場から見ると粘菌のとった体形はまことに都合がよろしい。ほとんどすべての体が餌上に滞在して養分を吸収する仕事に従事でき、さらに一体としてのつながりを維持する体の資源は最小ですみます。なんといっても最短ですから。

また、粘菌にとっては太い管で結びました。その理由もこういえます。

体の主な部分は二つの餌の上に引き裂かれています。その二つの間を化学信号や物理信号を流して交換し、体内でコミュニケーションしています。原形質という粘っこいものが狭い隙間を流れることになり、流れの抵抗はかなり大きい。その抵抗は物理的な考察から、管が太いほど低下し、また短いほど低下します。太くて短い管は体内の通信効率がよいといえます。このように考えると、粘菌の行動（このような体形の変化は粘菌の行動です）は、自身の欲求を最大化した、換言すれば生存タスクを最適化したという意味において、「うまくやった」といえます。

もし、餌を与える以前に管がすでにできていれば、結果は異なります。図3—3を見てください。二つの餌場所をつないだのは、最短経路の管ではなく、迂回した経路の管です。これは、すでにあった管です。それを、太くして残しました。すでに管が

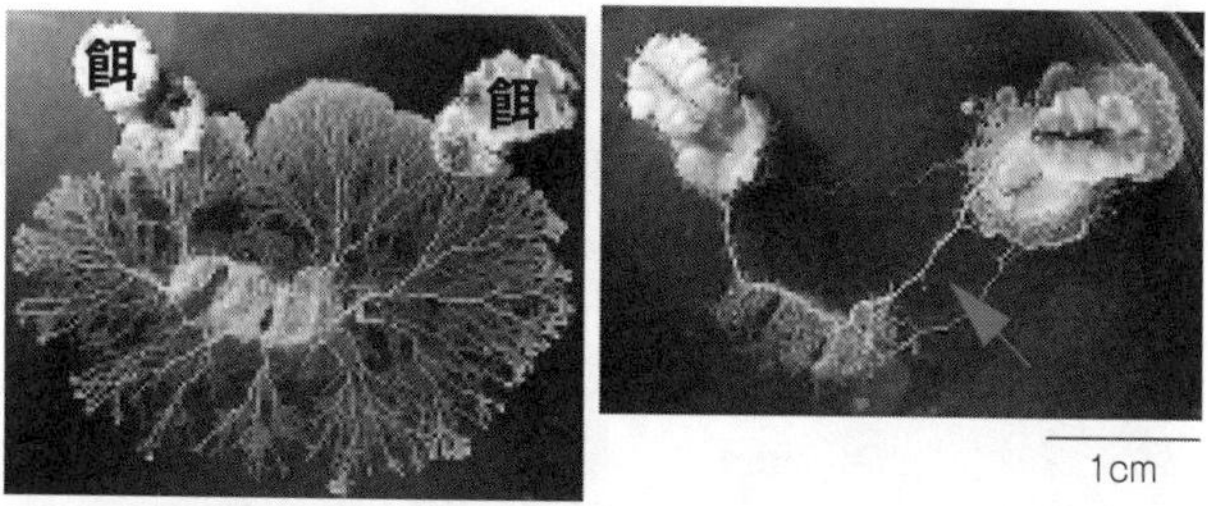

図3-3　餌を与える前にすでに管があると（左）、粘菌はその管を利用した（右。6.5時間後）

あれば、その中で適当なものを利用する傾向があります。

ただ、よく見てみると、最短経路にも管がつくられた形跡がうっすらと見えます。新たに最短経路に管をつくる作用と、すでにある管の中からなるべく短い経路のものを選ぶ作用が、どうやら競合していることがうかがえます。

短い経路を選ぶ——迷路でも？

もし、二つの餌場所の間に、長さの異なる二つの経路があったらどうなるか？　また短い経路を選ぶのでしょうか？　確かめるために次のような実験を行いました。

円環状のスペースにあらかじめ粘菌を這わせておき、円環上の二つの地点に餌を置きました。一つは（円環を時計の文字盤と思って）12時の位置に置き、片

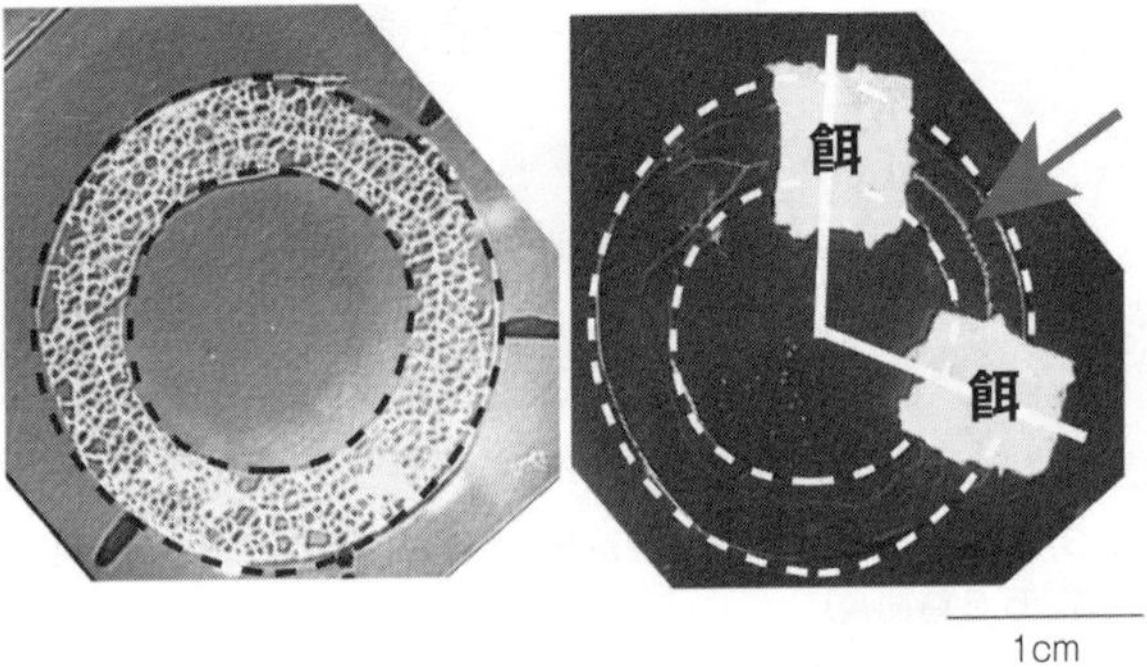

図3-4　輪状に広がった粘菌（左）に2つの餌場を与えると、最初は長短それぞれの経路に管を残すが、最終的に短い経路にのみ管を残した（右）

方を6時から5時、4時、3時、2時とさまざまに変えて繰り返すことにより、対等な経路長から異なる経路長へと徐々に変えていきます。そして、どちらの経路が残るかを調べます。結果は、確かに短いほうが残りました（図3—4）。

　ならば、どれくらい複雑な状況で短い経路を決められるのか？　図3—5は、粘菌の迷路解きの行動を示しています。

　あらかじめ用意しておいた三〇センチ四方の粘菌から三ミリ角ほどの小片を三〇個ほど切り出し、その小片を迷路のあちこちに万遍なく置きました。数時間後、その小片は再生して広がり始め、互いに出会い融合して、一つの大きな個体になりました。最終的には、迷路全体が一匹の粘菌によっ

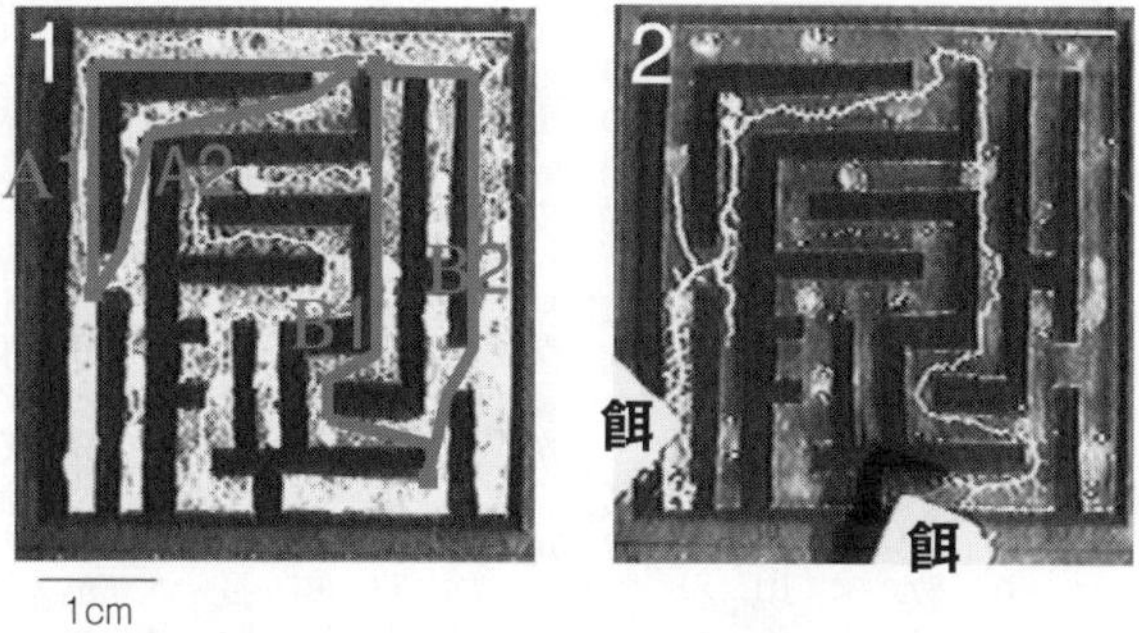

図3-5　粘菌の迷路解き。迷路いっぱいに広がった粘菌（左）に、2つの餌場を与えた結果（右）

※A1、A2、B1、B2は2つの餌場をつなぐ経路がAで2通り、Bで2通り（計4通り）あることを示す

て満たされました（図3—5左）。そこで、餌の小塊を迷路の二つの場所にセットしました。粘菌は餌場所に向かって移動を始め、体の形は劇的に変化していきました。

はじめ、粘菌は行き止まりの経路に伸びていた体をすっかり引き上げて、その引き上げ分で餌場所に伸び出していきました。その間、粘菌は、迷路の各経路に一本ずつ太い管をつくりました。次に、二つの餌場所をつなぐ経路のうちで長いほうに残っていた管がやせ細って切れてしまい、ついには消滅しました。最後には、餌場所をつなぐ一つの経路が残りました（図3—5右）。その経路はしばしば最短でした。この実験から、粘菌には迷路の最短経路を求める能力があると結論づけられました。

たかだか四通りの経路しかない単純極まりない迷路ですが、それぐらいの複雑さならきちんと最短経路を残すことができることがわかりました。もちろん、百パーセントそうなるわけではなく、長いほうを残すこともあります。

パズルを解くというのは知的活動の一端と理解されます。簡単なものとはいえ、単細胞の粘菌が迷路の最短経路を示したという事実は驚きです。

粘菌に餌場所を与える実験では、粘菌の量と餌の量の比が大事な調節因子です。迷路の実験で、粘菌量を一定にして餌の量を変えたとします。餌が多いと、最終的には二つの餌場所に向かって分裂するようになりました。ただし、体形が変わる様子は、迷路解きの場合と同じ経過をたどりました。行き止まりの経路、長い接続経路の順に消滅し、最後に最短経路が現れ、ついにはその最後のつながりも消滅しました。これが、分裂の経過です。なるべく最後まで、つながっています。

反対に餌が少ないと、複数の経路がよく残るようになりました。さらに餌が少ないと、行き止まりの経路も残りました。餌が多いとき、少ないとき、いずれの場合でも、経路が消失する順序は同じでした。餌の量は、その消滅順位のどこまで実行するかを定めました。

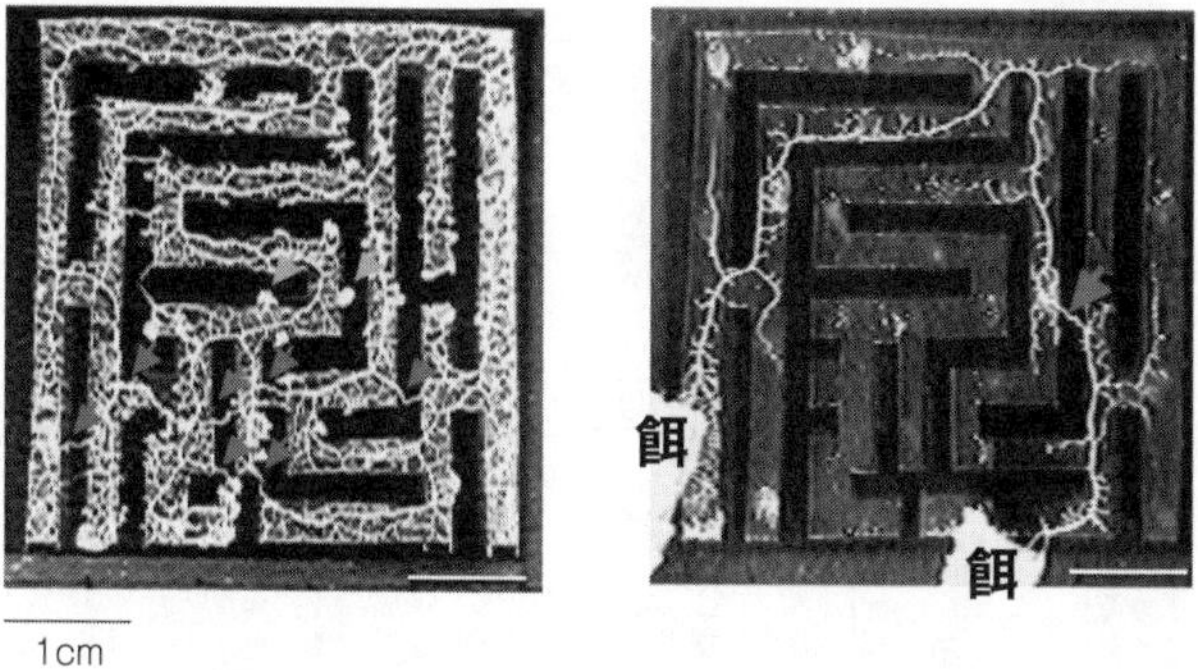

図3-6　粘菌が多い、もしくは湿度が高すぎると、粘菌は壁を乗り越えた（左）。すると、ズルをして正式な最短経路より短い経路をとった（右）

図3—6は、粘菌が多いときの一例です。粘菌量が多いとき、迷路の壁を乗り越えるようになります（図3—6左）。湿度が高すぎても、同様の結果をもたらします。壁を乗り越えたときは、正式な最短経路よりもっと短い経路をとりました（図3—6右）。粘菌の狡猾さを感じずにはいられません。おとなしく迷路を解くことをせず、「スキあらば楽をしよう」とします。あるいは、「あらゆる可能性を追求する向上心が強い」ともいえます。

適応ネットワークモデル

さて、粘菌はどのようにして迷路を解いたのでしょうか。

粘菌の迷路解きは、管ができたり壊れた

りする生理現象に基づいていたので、管のことから始めます。

管には、原形質と呼ばれる粘った液が流れています。粘ったものが狭い隙間を通るので、管は太いほど、また短いほど流れやすくなります。原形質の流れが活発なとき、管は太くなります。太くなると流れやすくなり、ますます流れてさらに太くなります。また、逆に流れが少ないと管はどんどんやせ細ります。このような管と流れの関係が実験で見つかりました。これは、管の流れに対する適応性です。

この関係が、迷路解きとどのようにつながるのでしょうか？　そこでモデルを考えます。

モデルとは「模型」のことで、自然現象のからくりを考える場合に、状況をなるべく単純化して、何が重要かをつまびらかにするためのものです。ですから、多くの現実的な要素を無視します。その代わりに、流れに対する適応性の効果だけが見えるようにしてあります。まず、粘菌の管ネットワークを水道管のネットワークのようなものだと想定します。そして、ネットワークの流れをまず計算し、次にその流れに依存して管の太さを変えていきます。

まず、迷路の通路一つ一つを同じ太さの水道管に置き換えます。すると、迷路の形の水道管ネットワークができます。片方の餌場所に相当する管に蛇口をつないで水を流します。もう片方からは水が流れ出てきます。二つの餌場所には原形質がたくさんあって、行ったり来たりしているので、その様子を表したわけです。蛇口を交互につけかえると、より現実に似てきます。次に、流れと太さの関係を取り入れます。それぞれの管の流れを見て、その流れに応じて管の太さを少しだけ変えます。すると流れる量が少し変わるので、改めてそれに応じて太さを少し変えます。そしてまた……と繰り返します。

すると、どうでしょう。最終的には、最短経路の水道管だけが太く成長して残り、ほかの管はすべてなくなってしまいました（図3—7）。ちゃんと解けたのです。ただし、現実に太さの変わる管をつくるのは難しいので、コンピューターの中で計算して確かめました。このモデルには、「適応ネットワークモデル」という名前がつけられました。

付録——粘菌解法の数理モデル

もっと詳しくモデルについて知りたいという方のために、もう少し説明します。もうモデルは十分という方は、どうぞこの節を飛ばしてください。

粘菌の管ネットワークを水道管のネットワークに置き換えて考えます。ある水道管

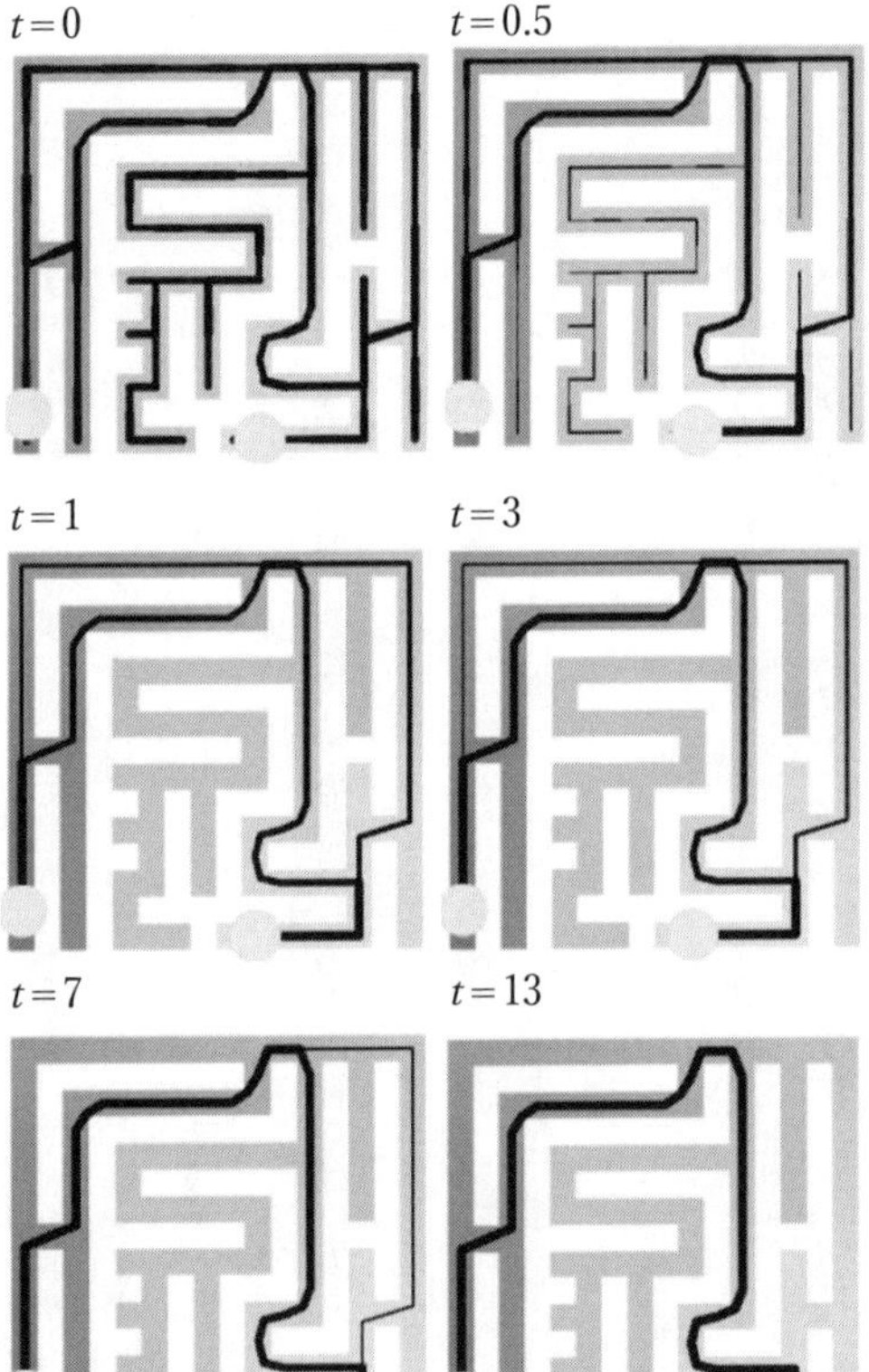

図 3-7　適応ネットワークモデルのシミュレーション。数字は任意の時間単位。時間の経過により、管の発達、衰退が起こり、最終的に最短経路だけが残った。手老篤史博士による

に注目したとき、その両端には二つの継ぎ手があるので、それらにi、jと印をつけます。その継ぎ手における圧力をP_i、P_jとします。水道管は、$tube_{ij}$とします。$tube_{ij}$には、長さL_{ij}、コンダクタンス（流れやすさ）D_{ij}、単位時間あたりの流量Q_{ij}という物理量があります。今、$Q_{ij}=D_{ij}(P_i-P_j)/L_{ij}$とおきます。二つの継ぎ手を選んで、外部からの水の流入口と流出口とします。これらの流入出口が、粘菌実験の餌場所に相当するものとします。餌場所にはたくさんの原形質が集まっていて、水だめのようになっていると考えるわけです。流出口の圧力を基準値ゼロとします。水道管の途中で水の流れが淀まないとすれば、流入口から単位時間あたり流量Q_0が入れば、流出口からはやはりQ_0が出ていくことになります。

さて、もしすべてのL_{ij}とD_{ij}とQ_0が与えられていると、Q_{ij}を求めることができます。各継ぎ手に出入りする水量をすべて足すとゼロ（入る量と出る量が同じということ）になるという条件がすべての継ぎ手で成り立つから、それらを連立させて解けばよいわけです。

Q_{ij}がわかったので、次に管の適応性、ここではコンダクタンスのダイナミクスを考えましょう。

私たちの提案は、$dD_{ij}/dt=f(|Q_{ij}|)-aD_{ij}$です。この微分方程式の意味は、有限差分

の式に書き変えるとよくわかります。左辺は、近似的に$\{D_{ij}(t+\Delta t)-D_{ij}(t)\}/\Delta t$なので、$D_{ij}(t+\Delta t)=D_{ij}(t)+\Delta t\{f(|Q_{ij}(t)|)-aD_{ij}(t)\}$となります。これは、$t$よりほんの少し$\Delta t$だけ未来の$D_{ij}(t+\Delta t)$は、現在の$D_{ij}$に変化分$\Delta t\{f(|Q_{ij}(t)|)-aD_{ij}(t)\}$を加えたものという意味です。それだけです。$f$は単調増加な関数で$f(0)=0$とします。そのとき、$Q_{ij}$が大きくなると$f$も大きくなるので、$Q_{ij}$に依存して管がより発達する効果を表します。二つ目の項$-aD_{ij}$は、一次過程で管が細くなる効果で、これは粘菌のどの部分も餌場所に向かって移動するという性質からきています。以上のように、管の適応性は太り効果と細り効果のバランスによって決まるとしました。拮抗作用の一例です。

現時点のD_{ij}をもとにしてQ_{ij}を決めます。次に、そのQ_{ij}をもとに新たなD_{ij}を決め再びQ_{ij}を……というふうに繰り返して計算を進めます。最終的にどうなるのでしょう。このようなモデルの時間発展が、粘菌の迷路解きのプロセスをモデル化しているわけです。

簡単にするため、$f=|Q_{ij}|$, $a=1$として、シミュレーションを実行すると、確かに最短経路のみが残りました。はじめに行き止まりの経路に伸びている管が消滅し、餌場所をつなぐ経路のみ残りました。次に、長い接続経路が細くなってなくなり、最終的に最短経路のみが残りました。消滅といっても、厳密な意味でなくなっているわけでは

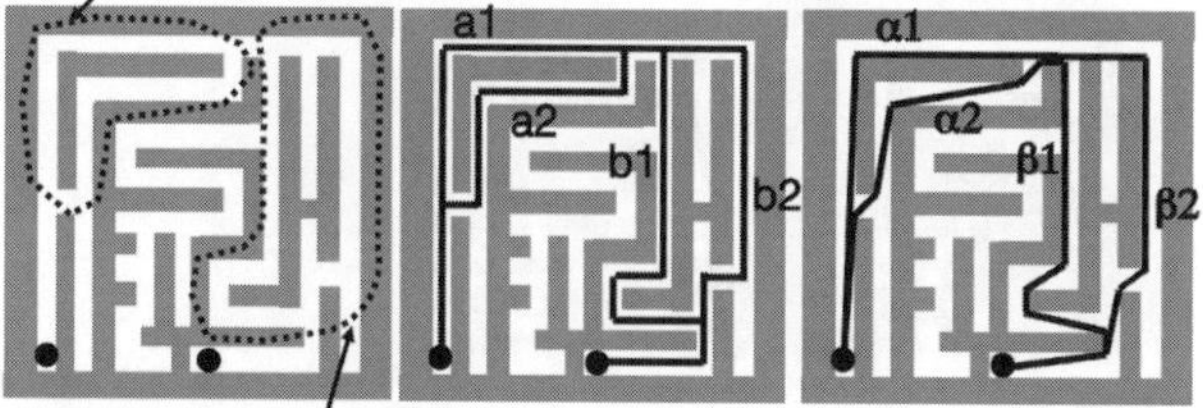

図 3-8　粘菌の迷路の長さについて

なく、指数関数的に十分細くなっているだけです。

行動の多様性

図３―８を見てください。今回試した迷路は、左図のように左上角の部分に二通りの行き方があり、右端の部分にもう一つの二通りの行き方がありますので、単独経路は全部で四通りあります。中央図の実線のような経路をとりますと、左上角の部分の二つの経路の長さは同じになります。右端部分の二つの経路も、ほぼ同じ長さです。ところが、右図の実線のように、インコースを通って曲がると経路の長さが短くなります。具体的には、左上の二択では下側（図のα２）のほうが上側（図のα１）より二割ほど短くなります。もう一つの右端の二択ではほぼ同じ長さです。粘菌のつくる管の経路は、そもそも蛇行しておりますので、厳密にはこのように折れ線でつなぐ話ではありませんが、

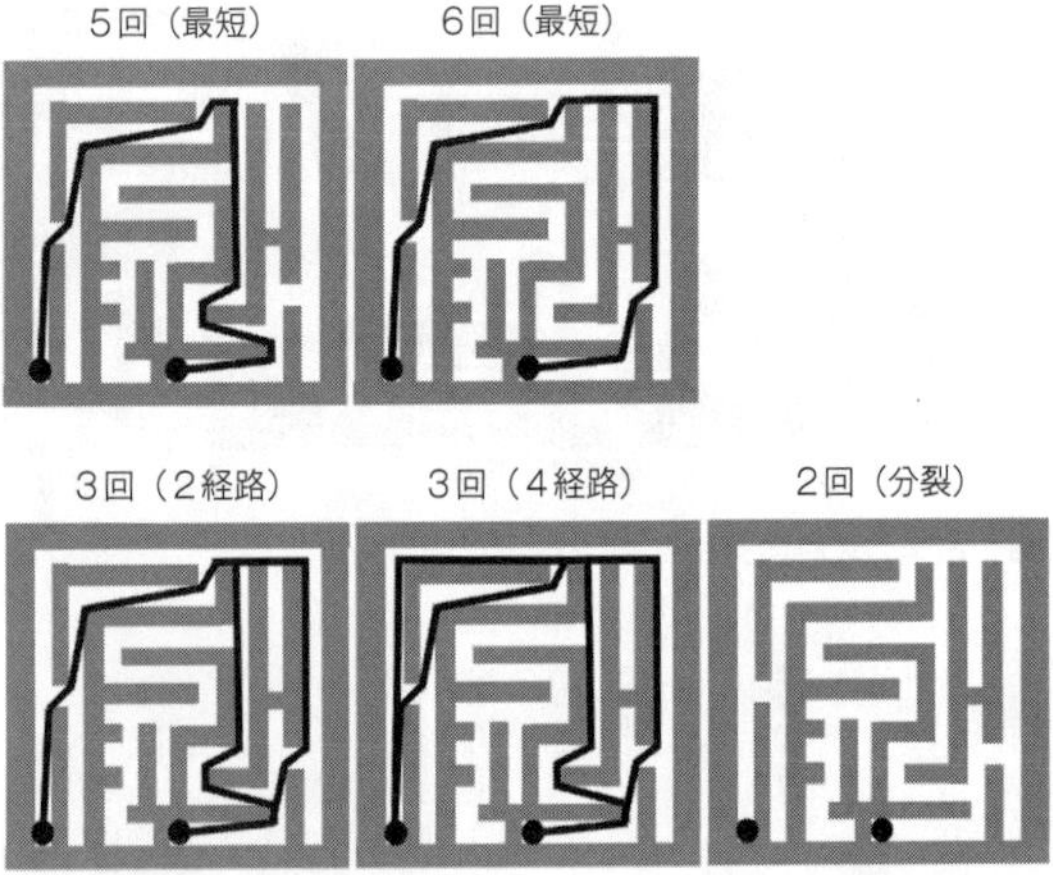

図3-9　19回の迷路実験で見られた5つのつながり方の模式図。実際の粘菌の経路は蛇行しているが、この模式図ではそれを省略して直線で表している

曲がるときにはインコースを通る傾向がはっきりと認められました。

ここまでは、最短経路を探し出すことに注目してきました。しかし実際の実験では、図3―9の左下やその右隣の図のように、複数の経路が残る場合もありました。今回試した迷路で単独経路の取り方は全部で四通りですが、複数経路の取り方は、さらに幾通りもあります。実際に、幾通りも出ました。たとえば、左上の二択の経路選択では下側の短い方のみで、右端の二択は両方が残るとか、二つの二択のどちらの経路も残るなどです。

それらのとき、よく見てみると短い経路の管のほうが太いという傾向がありました。複数の経路を取るという意味では、最短経路とは異なる行動が見られたわけですが、短い経路の管を太くしておくという意味では最短な経路を重点化しているといえます。複数の経路を残すのは、野外環境で想定される断線の危険性（ほかの生きものや風雨による撹乱などによって管が断ち切られてしまう危険性）に対する備えと思えば、意味がありそうです。二〇回ほど実験した中では、ほぼ半数がほぼ最短な単一経路を残し（図3—9左上とその隣の図）、残りの半数が複数経路に管を残すなどしました（図3—9下段）。今、複数経路に管を残す「など」、と書きましたが、じつは一割ぐらいは、二つの餌場所をつなぐ管が最終的に全部切れてしまって、二つの個体に別れてそれぞれの餌場所に集まりました（図3—9右下）。全体としてみると、いろいろな行動がみられたわけです。

迷路の実験では、餌の量と粘菌の体の大きさの量の比率が、重要な実験要因であると先ほどすでに書きました。じつは、ほかにもいろいろな要因があります。まず、周囲の湿度や温度です。光や電気、さまざまな化学物質にも反応します。餌として与える栄養物の種類や濃度やそれらのいろいろな組み合わせなどによっても行動は変わってきます。

粘菌の生息する野外環境は、これらの要因のいくつもが複合的にからみあって空間的にも時間的にも複雑になっています。今回試した迷路実験の複雑さなど、比べようもない複雑さです。迷路のような入り組んだ空間を野外環境で想定しても、粘菌の生息する腐朽の進んだ倒木の内部などは、もっと複雑に入り組んでいると思われます。そういう状況でも、粘菌はあちこちに点在するさまざまな餌を上手に手に入れていると予想されます。ですから、粘菌の潜在能力はまだまだ奥底が知れないと思ったほうがよいでしょう。

粘菌解法の生物らしさ

粘菌が迷路を解くおもしろさは、それぞれの管は自分のところの流れだけに反応して、いわば身勝手に太さを変えているだけなのに、全体にわたる最短経路が求められた、という点にあります。だれかが全体を見張っていてそれぞれの管に指令を出しているわけではないのです。

このようにして、各々が自律的に行動し司令官もなしに、でも全体としてうまくいくような方法は、「自律分散方式」と呼ばれ、生物の問題解決方法の著しい特徴です。

ただ、この系には一つの秘密があります。管はてんでバラバラに変化すると述べましたが、間接的に影響を及ぼし合っています。流出口から出る水量は一定なので、もし大量の水がある経路を通って流出するなら、その他の経路に流れる水は少なくなります。一つの一定量を介して（パイの取り合いを通じて）全体の調和が図れるとは、なんとも見事です。

私たち人間のことを振り返ってみましょう。

算数や国語の問題を考えるとき、私たちは頭を使います。頭といってもその中にある脳が働きます。自転車に乗ったり歩いているときにも、脳が筋肉に指令を出しています。脳はヒトの情報処理の中心です。ヒトの体は、いわば脳という司令官によって統合されています。ところが、です。脳はどうやって答えを見つけ出しているのでしょう？

脳の中には司令官のようなものはありません。神経細胞というひものように細長い細胞が、お互いにつながり合って網目状（ネットワーク）になっています。その網目のあるところには電気信号（とても弱い電気ですが）が流れ、また別のあるところには流れない。そんなことが起きているうちに、いつの間にか答えが出てきます。

そのからくりは、まだよくわかっていません。ただし、こんなことが知られています。細胞と細胞のつなぎ目に電気信号がたくさん流れると、つながりが強くなって信号が流れやすくなります。よく使われるところが強化されるという性質は、なんだか「粘菌の管」と似ていませんか。粘菌とヒトは大いに違う生きものですが、こんな見方をすると、案外似たところが見つかります。

粘菌が解いたといってよいか？

ここで一つ問題があります。

最短経路をとるということなら、たとえば石けん膜にだって実現できることを思い浮かべる人もいるでしょう。石けん膜には表面張力が働いており、なるべく縮こまっていく性質を持っています。この性質をうまく利用すれば、経路探索ができるかもしれません。また、長さに比例する抵抗体をつなげて迷路のような回路をつくり、一定の電流を流せば、最も短い経路に最大の電流が流れます。これも、ある意味で最短経路を示しています。このような場合、それぞれの物理システムが「迷路を解いた」などというでしょうか？　たぶんいいません。では、なぜ粘菌の場合には「解いた」というのでしょうか。

生物には意図というものを想定しがちです。能動性と言い換えてもいいでしょう。

これに対してリンゴが木から落ちるような物理現象は「受動的である」と感じます。生物の能動性をなるべく受動的に理解することが重要です。そのとき鍵になるのは、「生物を生存機械」として見る視点です。ここでは生物を生存タスク実行機械として扱います。「機械」などという言葉を使うと、人間を冒瀆しているようで抵抗があると感じれば、「生存システム」という言葉で表しても差し支えありません。

こういう考えは、仮定ではありません。むしろ事実です。なぜなら、進化の結果、長い年月滅びずに生存できた生物を現時点において見ると、当然、その生存を可能にした仕組みが内在するはずです。数億年の淘汰による洗練は、すばらしい何かをつくりあげているでしょう。その意味で、生存するものは合理的です。

以上の理由から、「生存システムがどのようにうまくできているか」を掘り起こすことは、自ずと「後づけ理由」になる宿命にあります。長い年月をかけて受動的にできあがった「そうなったシステム」を現時点において眺めるとき、「そうするシステム」と能動的にいうことも可能です。そういう言い換えにすぎません。

結局、生きものを生存機能を備えた機械と見なしうるという立場があればこそ、能動的に「粘菌が解く」といえることになります。粘菌が最短経路をとることは、生存タスク実現にうまく貢献しています。生存タスク実現という評価基準で、体内で生じる物理現象を評価すること、これは生理的意義とも呼ばれるもので、生物システムを機能性の観点から眺めるとき、決して忘れてはならないポイントになります。

生存を目的だとすれば、このような説明は合目的的側面を持つでしょう。合目的的な説明で終止しては物足りませんが、この視点は不可欠です。生物の体は物質からできており、体内では物にまつわる物理現象が日々起き続けています。それら物理現象をうまくつなげて生存タスクをこなせるように組み上がったシステム、それが生きたシステムなのだと思います。

第4章

危険度を最小にする粘菌の解法

粘菌が迷路を解いたといっても、私たち人間にとっては比較的簡単な迷路でした。そこで、もっと難しい問題を解かせてみることにしました。

危険度が非一様な空間での経路探索

長方形の粘菌を用意します。二つの餌場所を、斜めに相対する角に置きます。そうすると、大部分の体は二つの餌場所に集まります。そして、だいたい対角線に沿って管を残して、その餌場所をつなぎます。最短のコースです。これは、迷路の実験で見た結果と同様のものです。

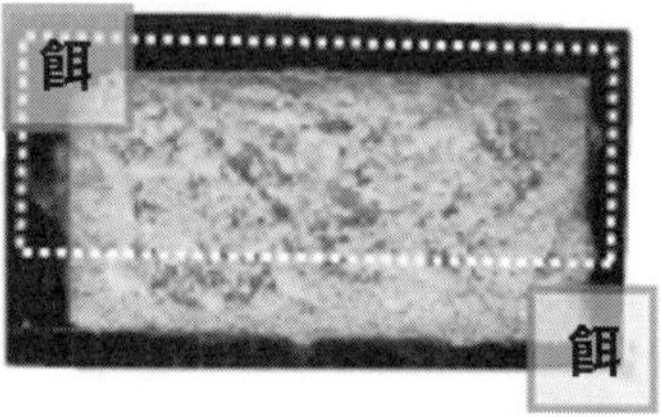

図 4-1　長方形に広がった粘菌の一部分（点線で囲った部分）に光を照射。同時に対角位置に餌を置いた

さて、今度は餌を置くと同時に、長方形の上側三分の二に光を当てます。下側三分の一は暗くしておきます（図4―1）。粘菌はこの光が嫌いなので光を避けます。実際、粘菌はこの光を浴びると、活性酸素という物質ができて細胞を傷つけます。ですから、できれば、この光をなるべく浴びないようにしたほうが安全です。光を浴びることは、何かしらのリスクを負うことにな

ります。では、光を浴びることがどれくらい嫌いかというと、たとえばこんな実験で見積もることができます。

粘菌を細長い通路の端に置くと、通路に沿って伸び広がりながら、反対の端に向かって移動します。移動はだいたい一定速度で、一時間に一センチほどです。このとき、粘菌の後ろ側の原形質が前方に運ばれます。

次に、伸び広がった粘菌の後ろ側半分ぐらいに光を当てます。すると、粘菌の移動速度が少し速まります。このとき、後ろ側の原形質が減っていく速さを測ってみると、どれほど速く逃げるかを定量することができます。そこで、光を当てないときに比べて、たとえば二倍速く逃げたとき、この光は二倍嫌いなのだと決めることができます。この実験の場合、嫌いさは危険度とも言い換えられ、この実験状況は「危険度が非一様な空間での経路探索」といささか堅苦しく表現することもできます。

危険度最小化経路

結果はどうだったでしょうか？　餌場所を結ぶ管は、明暗の境目で折れ曲がったコースをとりました（図4―2）。

この図の例からもわかるように、一回一回の実験では、管の経路はかなり蛇行しま

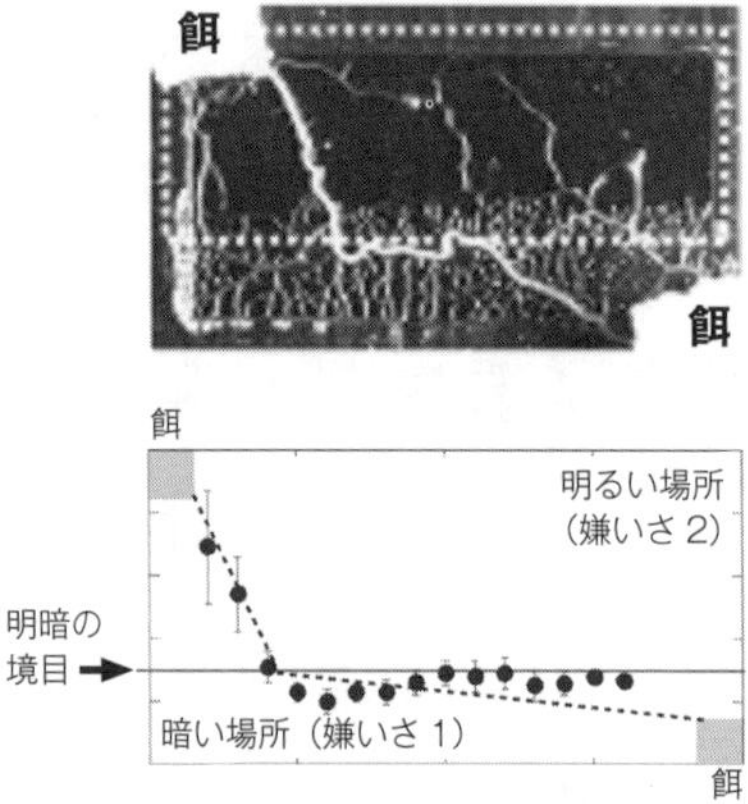

図 4-2　光照射部位を避ける粘菌。上は実験の一例。下は複数回の実験結果をまとめたもの。●は平均値、点線は近似直線

す。何回か実験を繰り返して、平均的な経路を求めることで、このような蛇行は大幅に減少します（図4―2下の一連の黒丸）。ということは、この細かい蛇行は、その場限りの偶然誤差、すなわち第一義的にはそれほど重要ではない単なるズレと考えて、ひとまず無視することにします。

　平均経路は、二本の直線で近似的に表すことができます（図4―2下の点線）。それでもまだ緩やかな蛇行が見られますが、まずはじめに大雑把な生理的意義を捉えるために第一近似（曲がった線を直線で近似する）を採用しておきます。したがって、このようなデータ解析の視点では、二つの近似曲線が出合う点、すなわち折れ曲がり点が、明暗領域の境目のどこにあるかが最も重要な情報になります。

　果たして、このコースは何を物語っているのでしょう？　折れ曲がっているのは、単に最短コースを探せなかっただけなのでしょうか？　何か別の秘密があるのでしょうか？　当てる光がより強いとき、折れ曲がり点は左のほうへずれていきます。逆に、弱い光だと右へずれます。つまり、光が強いほど、光の中を通る管の長さが短くなります。このことは、粘菌が、嫌いさの程度に反応していることを意味します。

そこで、コース全体でかかる「嫌いさの総量」を考えてみましょう。光が当たっている場所の嫌いさ（危険度）をすでに見積もっているので、それに基づいて考えることができます。

暗い場所は、基準として「嫌いさ1」として、たとえば、明るい場所は「嫌いさ2」とします。同じ長さの管が、「嫌いさ2」と「嫌いさ1」の場所にあれば、「嫌いさ2」のほうの嫌いさ量が二倍になると考えます。そして、同じ嫌いさの場所にある管なら、長さが二倍になると嫌いさの量も二倍になると考えます。そうすると、コース全体の嫌いさを求める式は、{（明るい場所の管の長さ）×２＋（暗い場所の管の長さ）×１}となります。この式を使って、粘菌がとった直線近似コースを調べてみると、じつは粘菌のコースは、「全体の嫌いさ量」がいちばん少なくなるコースとほぼ同じだったのです。

すごいと思いませんか。場所によって嫌いさが違う状況で、全体の嫌いさを最小にするコースを探すことは、難しい問題です。理系大学生でもしばしば頭を抱えてしまいます。そんな問題の答えを粘菌は求めたのです。ずいぶんやるものですね！

海水浴場のライフセーバーの問題とスネルの法則

粘菌が解いた「危険度最小化問題」を、身近な例で考えてみましょう。数学的に同等な問題です。海水浴場の監視員さんが、溺れている人を助けにいく場合を考えます。なるべく短い時間で助けにいかねばなりません。

図4―3を見てください。一直線に進むコース（a）は、どうでしょうか？　全体の移動距離はいちばん短いのですが、泳ぐ距離が長い分、かかる時間としては不利になります。なぜなら、泳ぐ速さは浜辺を走る速さよりずいぶん遅いからです。それならと、泳ぐ距離がいちばん短くなるコース（c）はどうでしょう？　これは全部の距離が長くなりすぎて、やはり正解ではありません。正解は、泳ぐ速さと走る速さの兼ね合いで決まるような、aとcの中間（たとえばbのような）のコースになります。もし、泳ぐ速さが走る速さの半分なら、bのコースがまさに正解です。

速さが半分とは、同じ長さを行くのに二倍の時間がかかることを意味します。ですから、かかる全部の時間がいちばん短いのは、{（泳ぐ距離）×2＋（走る距離）×1}が

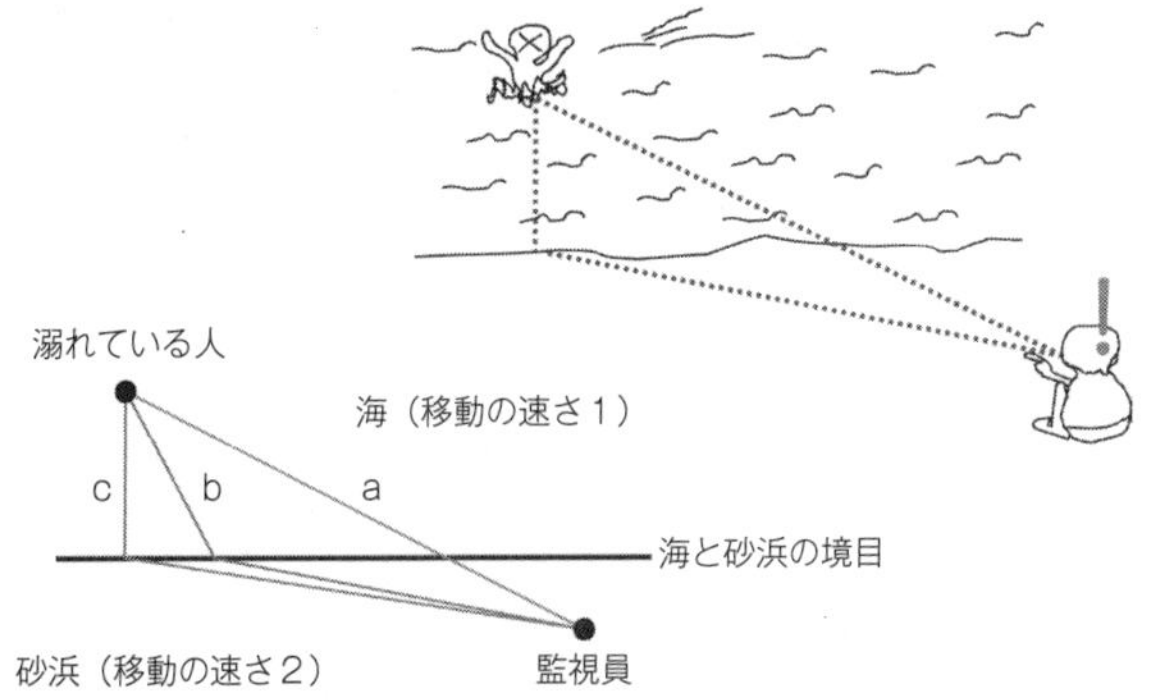

図 4-3　海水浴中に緊急事態発生。浜辺から一刻も早く助けに向かわねばならない。最短時間で行ける経路は？

いちばん小さくなるようなコースです。皆さんは、この計算式を、どこかで見ませんでしたか？　そうです、「粘菌の嫌いさの式」と同じです。問題の意味するところが実感できたことと思います。

じつは、このような話は、とても身近な別の自然現象でも見られます。それは光の屈折現象です。たとえば、光が空気中から水中に進行するとき、光の進むコースは折れ曲がります。折れ曲がる程度は、「スネルの法則」により求められます。

スネルの法則は、光の屈折率で書かれています。屈折率は、光が進む速さの逆数なので、結局、光の速度の関係式になります。光の進む速さは、空気中と水中とでは異なります。光が水と空気を突き抜けるとき、それらがある関係を持つというのです。

どのような関係かを理論的に突き詰めていくと、最短時間のコースをとるような関係になっていることが知られています。光は、海水浴場のすぐれた監視員同様、最短時間のコースをとるのです。これは、「フェルマーの原理」として知られています。

でも、ですよ。ちょっと余談ですが、光の立場になって想像してみると、どうやって最短時間の経路を導き出しているのでしょうか？　どのような物理作用が、そうさせているのでしょうか？

粘菌の解法――適応ネットワークモデル再び

粘菌はどのようにして答えを求めたのでしょうか？　迷路解きのところでお話しした「適応ネットワークモデル」を使って説明できます。

適応ネットワークモデルは、管が、自身を流れる原形質の流れによって太さを変えるというものでした。管が太さを変える原因は、流れによる太り効果と、細り効果のバランスです。

細り効果は、別の見方をすれば、その場所から逃げていく効果でもあって、明るい場所では速くなるべきです。したがって、今回の危険度最小経路の実験では、迷路解きの実験とは異なり、細り効果が場所に依存して変わることになります。明るいところで二倍速く逃げる場合、細り効果も二倍になります。この点が唯一の相違で、あとはすべて迷路解きの場合と同じです。

ただし、シート状の（つまり連続体の）粘菌の形態を、細かいメッシュワークの（つまり細かく離散化した）水道管ネットワークで代用しておきます。下側三分の一は暗いので、細り効果は基準値として1とし、一方、上側三分の二は明るいので2とします。

さて、このモデルはどのような時間発展をみせるでしょうか？　コンピューターシミュレーションをしてみました（図4—4）。すると、はじめに明るいところでは、多くの管がやせ細って消滅する一方、一本の太い管が現れました。次に、暗い場所でも、多くの管が徐々に消滅していき、他方いくつかの太い管が現れました。やがて、そのうちの一本だけが成長して残り、ほかはすべて消滅しました。結局、二つの餌場所をつなぐ一本のコースが浮かび上がりました。これは、危険度最小のコースでした。適応ネットワークモデルは、迷路だけでなく、より難しい危険度最小化経路探索もやってのけました。

粘菌は、森や土の中でひっそりと生きている小さな生きものです。しかし、その問題解決はじつに見事です。それぞれの管は、自身の流れと太さだけに基づいて、おの

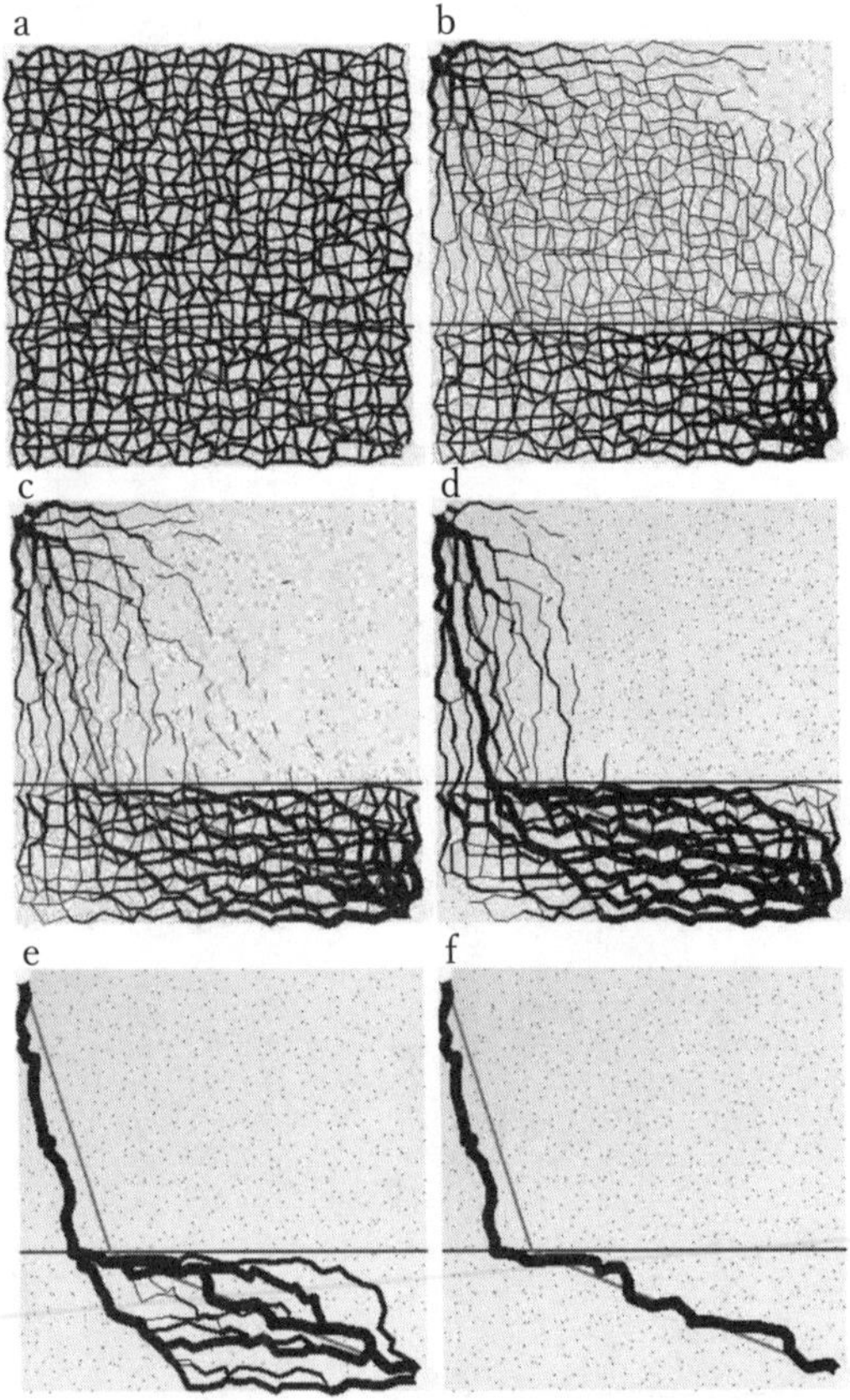

図 4-4　粘菌解法のシミュレーション。a→f は時間経過を表す。手老篤史博士による

おの勝手に太さを変えます。ただ、それだけでした。どの管も自律的に変動し、全体を見渡すような司令官はいません。このような問題解決法は、各管で分散的かつ自律的に処理が実行されるという意味で、「自律分散処理」といわれています。

通常、われわれは数学を駆使してこのような問題を解きます。危険度が最小になるための条件を探して、そこから解を導きます。その際、汎関数微分というテクニックを用います。関数の微分を勉強した方なら、関数の最小値を探す場合、極値の条件として関数の微分がゼロになることを利用することを憶えているかもしれません。それと同様なことです。

餌場所をつなぐ「経路の形」を一つ決めると、それに対して「危険度の総量」が計算できます。経路の形から危険度への対応です。経路の形は関数で表せるので、関数を入れると一つの値が出てくるわけです。関数から値への対応を汎関数といいます。普通の関数は、値を入れると、値が出てきます。汎関数が極値をとる条件を、微分の考えから求めることができます。このような問題の解法を「変分法」といいます。粘菌の解法が興味深いのは、これまで知られているこのような方法とまったく異なるからです。

付録――モデルのもう少し具体的な説明

迷路解きの章で付録として数理モデルの詳細を述べたように、ここでも詳細を述べておきます。数式を見たくない人は、飛ばしていただいても結構です。

管のコンダクタンスを表す発展方程式 $dD_{ij}/dt=f(Q_{ij})-aD_{ij}$ は、右辺第二項 $-aD_{ij}$ に従って管がやせ細ることを示しています。ここで a は、やせ細りの速さを決める係数です。この係数は、どれほど速く逃げていくかを示すのですから、場の危険度を反映するものです。したがって、迷路解きの場合とは異なり、a は場所の関数 a_{ij} となります。今の場合、光が照射されている場では高い値をとります。実験との対応からいうと、a_{ij} は、暗い場所では基準値1であり、明るいところでは、その何倍速く逃げたかという値になります。モデルシミュレーションでは、一つの具体例として、光の当たっていないところでは $a_{\mathrm{dark}}=1$、当たっているところでは $a_{\mathrm{bright}}=2$ としました。

このモデルが最終的に導き出すのは、危険度総量（$a_{ij}L_{ij}$ を経路にそって足し合わせた量）を最小化する経路です。

粘菌解法の応用――カーナビゲーションシステム

粘菌の解き方がユニークなら、どこかに活用の場があるかもしれません。一つの可能性として、カーナビゲーションシステムへの応用を考えました。

まずは、とにもかくにもやってみようということで、アメリカのシアトルからヒューストンまでの道のりを粘菌方式で解いてみました（図4―5）。

粘菌方式と呼び続けるのも、味気ないので、「フィザルムソルバー」と名前をつけました。フィザルムとは、粘菌モジホコリの学名（正確には分類のカテゴリーである属の学名）です。アメリカの州間高速道路（インターステート・ハイウェイ）を通るルートを、フィザルムソルバーで検索します。すると、ソルトレークシティを通るルートが示されました。

現在のカーナビでは、ダイクストラ法が主流になっています。ダイクストラ法でも同じルートを示しました。フィザルムソルバーでも、確かに最短経路を示すことができました。しかしながら、フィザルムソルバーの答えが合っているかどうかを、ダイクストラ法で確かめるのでは、現行方法を打ち破ることなどできません。ダイクストラ法にはない特徴を探す必要があります。

まず、道路ネットワークをグラフで表現するところから始めます。ここでいうグラフとは、点とそれをつなぐ辺からなるものです。道路の分岐点や交差点を点で表し、その間の道路を長さを持った辺とします。グラフは、どの道がどのようにつながり合

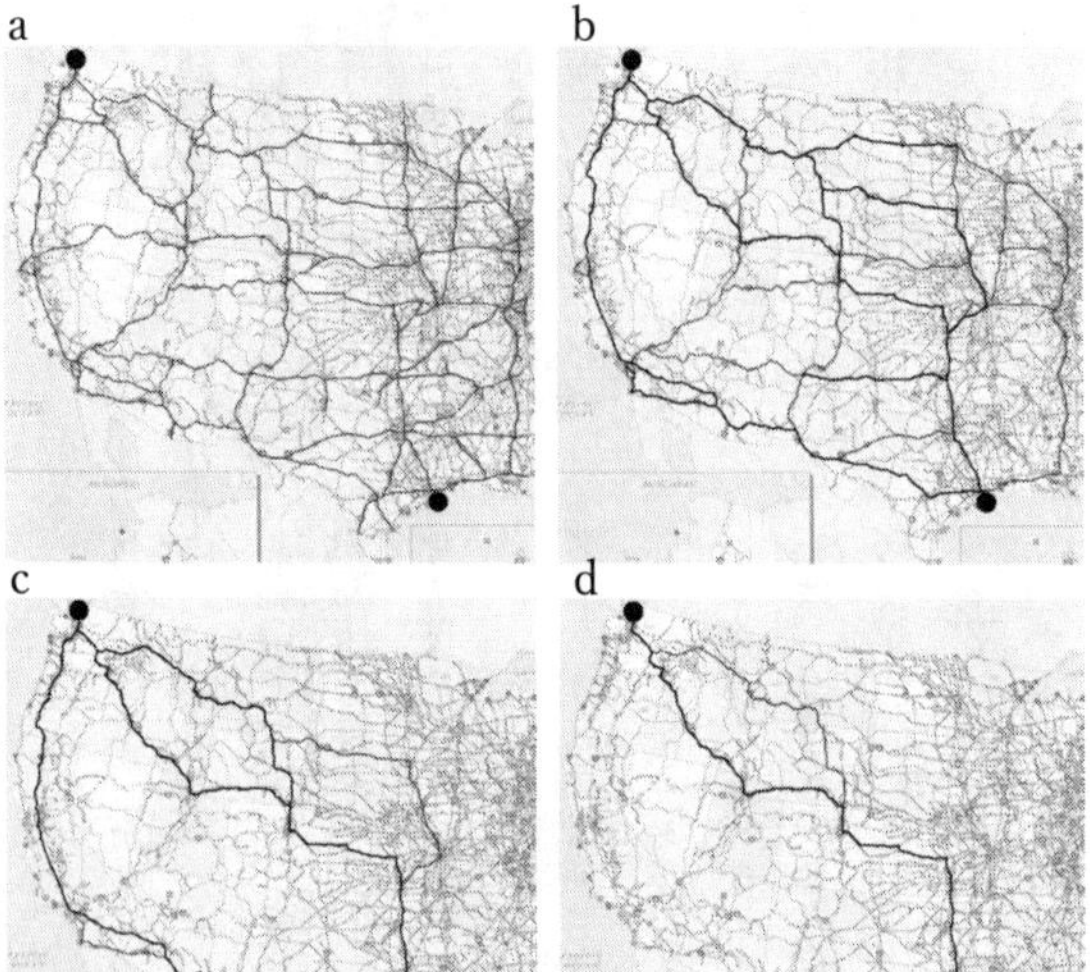

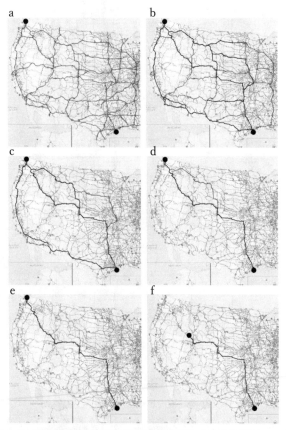

図 4-5　粘菌の経路探索アルゴリズムを用いて、シアトルからヒューストンまでの最短経路を探し出す様子。手老篤史博士による

っているかを、最も単純に表現しています。経路探索とは、グラフ上の任意の点から任意の点へいく経路（辺のある特定の組み合わせ）を探すことです。ここでは、シアトルとヒューストンがそれぞれ出発と到着の点です。

ダイクストラ法とは、次のような手順です。

出発点に直接つながる点（出発点と一本の辺でつながっている点のことで、このような点をここでは「隣の点」ということにします）のすべてを探して、その点に出発点からの距離を記しておきます。

次に、今回距離の印をつけた点の隣の点をすべて探して、出発点からの総距離を記します。総距離といっても、一つ前の点までの距離はわかっているので、今回通過した辺の分を加算するだけですみます。ただ、もしかしたらすでに距離が記されている点があるかもしれません。実際、前回来た辺を後戻りすれば、必ず印があるはずです。そんなとき、今回あらたに計算した総距離と比べて、もし今回のほうが短ければ古い印を消し、新しいものに置き換えます。もし今回のほうが長ければ古いほうを残します。

そして、次々と隣の点を探しては総距離の印を打っていき、総距離を書き換えることがなくなるまで続けます。さて、到着点を見てみましょう。出発点からの総距離が記されています。そして、その総距離を与える経路がどうなっているのか、到着点から出発点に向かって次々に点をたどっていけばわかります。

経路探索は、基本的にはすべての道の組み合わせをとりだして、その距離を比較するという考え方に立脚しています。ダイクストラ法は、点のつながりをうまく利用して効率よく組み合わせの数を絞り込んでいます。ですから、今日広く利用されているのです。

ところが、組み合わせの数というのは、思わぬ厄介さを秘めています。とてつもなく大きな数になってしまい、到底扱いきれなくなるのです。ダイクストラ法のすぐれた手順をもってしても、日本全国の道路網全体を計算するとなると、とんでもない時間がかかってしまい、現実的には使いものになりません。では、カーナビではどうしているのかというと、地図のほうで工夫しています。

シアトルからヒューストンまでの例でもわかるように、通常、遠くへ移動する際には高速道路か主要な幹線道路を利用して、細い生活道路をあてにすることはありません。まず、これらの道だけの地図をつくってルートを選び出します。次に、シアトルの、たとえばイチロー選手の活躍するセーフコ・フィールドが出発点ならば、そこから高速道路の入口までを生活道路も含めた細かい地図でルート検索します。こうすると、計算量はうんと減るため、現実的な時間でルートを探し出すことができます。現在のカーナビ技術ではほんの二、三秒もあれば、日本中のどこからどこまでもルートを示してくれます。

組み合わせ数の爆発の恐ろしさ

組み合わせの数がいかに恐ろしいかを実感してみましょう。

代表的な問題である「巡回行商人問題（traveling salesperson problem、略してＴＳＰ）」で見てみましょう。これは、行商人がいくつかの街を一回ずつ訪問して、元の街に戻ってくるという状況で、「どの街を、どの順番で巡回すると総移動距離が最短になるか？」という問題です。

行商人でなくても、ある日曜日にあれこれと用を足したいということがあります。あの店で服を買って、デパートでお中元を注文して、こっちのガソリンスタンドで給油して、ひいきの酒屋でうまいお酒を買って、なじみのスーパーで夕飯の食材を買って、なんていうときに、どう行くのがよいかと悩むことがあります。そういう意味で、日常生活とも関わりの深い問題です。

郵便や宅配便の集配、あるいは工場やコンビニなどの物資の集配なども同様の問題です。また別の場面では、オートメーション化された半田ごてが半導体の複数の場所に金属の配線を施すとき、同様な問題が生じるでしょう。TSPは、産業や経済は言うに及ばず、ごく私的な日常生活とも密接に関連しています。

街が三〇カ所としましょう。すると、順列組み合わせの数は、三〇の階乗、すなわち$30 \times 29 \times 28 \times 27 \times 26 \times 25 \times 24 \times \cdots\cdots 6 \times 5 \times 4 \times 3 \times 2 \times 1$となります。一つの巡回路に対して、逆回りの巡回路があるから、これを2で割る必要があります。とはいえ、そんなことはたいしたことではありません。三〇の階乗はざっと一〇の三〇乗（一、〇〇〇、〇〇〇、〇〇〇、〇〇〇、〇〇〇、〇〇〇、〇〇〇、〇〇〇、〇〇〇であり、ゼロが三〇個ついた数です。これを一〇を三〇回掛け合わした数という意味で10^{30}と書きます）の大きさになります。一度、まじめに計算してみるのも愉快でしょう。

10^{30}とはどれくらいの大きさなのでしょう。今、高速の計算機があって一秒間に一〇億通り（10^9）の組み合わせが調べられるとします。この計算機を一時間、一日、一年と一時も休むことなく回し続けたとします。どれぐらいの組み合わせが調べられるでしょうか。計算を簡単にするために、一時間を一〇〇〇秒（本当は三六〇〇秒）、一日を一〇〇時間（本当は二四時間）、一年を一〇〇〇日（本当は三六五日か三六六日）とします。一年で調べられるのは、$10^9 \times 10^4 \times 10^2 \times 10^3 = 10^{18}$ですから、全然足りません。

$10^{30}/10^{18}=10^{12}$となり、これで調べられたのは、全体のうちのほとんど〇%です。ふー、そろそろ汗が出てきそうです。

もっともっと計算を続けましょう。宇宙開闢《かいびゃく》以来一五〇億年間ずっと計算したとしましょう。計算機をどこに置いておけばよいのか？　それを動かす電力はどうするのか？　そもそもだれが計算結果を確認するのか？　などという現実的な問題はさておき、計算を続けられたとしましょう。えぇーい！　計算の簡略化のために、大まけにまけて、一〇〇〇億年としてみましょう！　すると、これは10^{11}年ですが、これでもまだ全部で10^{29}通りなので、全体のようやく一〇%にすぎません。まったく、驚きです。

というわけで、解き方のアルゴリズムは単純なのですが、現実的には最適解を得ることが困難です。このように、多数の組み合わせの中から、最適な解を探し出すような問題を、一般的に「組み合わせ最適化問題」といいます。

フィザルムソルバーの特質その1――大雑把さ

フィザルムソルバーの美質について考えてみましょう。

計算が進むにつれ、道路がどんどん消滅していきます。一つのルートはたくさんの道路断片からなります。その中で、まず使わないほうがよいだろうというような道路断片から消えていくようです。ですから、大雑把にいって、はじめに長いルートが消滅していく傾向があります。後に残るものほど、より短いルートということになります。

これは、ルートの大雑把な序列が成しとげられていることを意味します。ただし、厳密な意味で、長いルートから順番に消滅するといっているのではありません。計算の時間経過とともに、第一次予選、第二次予選、第三次予選と選考されていくように、徐々によい候補に絞り込まれていくというような意味です。ちょっと曖昧な表現ですが、どのように序列が進んでいるのか、じつのところはっきりしたことはまだわかっていないのです。

とはいえ、この性質により、たとえば、よさそうなもの上位一〇%や五%の経路を求めることは（くどいようですが、厳密な意味でのベスト一〇%や五%ではありません）、単に計算をある適当な時点で（最短経路に到達する前に）止めるだけですみます。このことは、計算時間というコストと、得られる解の質というベネフィット（利益）との間でよいトレードオフが働いていることを意味しています。

この性質に関連して、フィザルムソルバーは、「大雑把ではあるがすばやく答えを導く」という潜在能力を秘めています。この特性は、生物の情報処理に見られる際立った特徴の一つです。

翻って、人間のことを思い出してみましょう。私たちは、たとえば、シアトルとヒューストンの経路探索の地図をざっと見渡すと、だいたいこんな感じの経路が短そうだな、という大雑把な直感を持ちます。厳密な長さの違いはわかりませんが、明らかに長いものはたちどころにわかります。まず東海岸のニューヨークへ行って、西海岸のサンフランシスコに戻り、再びフロリダを経由してヒューストンに至るというような経路が最短経路になるとは思わないでしょう。

比較的短い時間のうちに、ほどほどの答え（たとえば、ベスト二〇〜三〇%のうちの一つの解）を導くことができます。これは、いわゆる直感的ですばやい認知、ヒトの情報処理でうまく働いているような認知過程です。このような情報処理の特性を、フィザルムソルバーは実現しています。この意味で、フィザルムソルバーは、ヒトの認知や判断の方法を何らかの意味で模倣できるかもしれません。別の見方をすると、ヒトの情報処理と粘菌の情報処理とに共通する基本的な仕組みが存在するということかもしれません。今後の研究が待たれます。

フィザルムソルバーの特質その2──渋滞への適応性

もう少しフィザルムソルバーの話を続けます。図4─6を見てください。シアトルからヒューストンへ向かう途中、ソルトレークシティ付近まで来たとき、(図aの)×印で示した地点で交通事故が発生したとします。ひどい渋滞が生じるでしょう。そのような場合には、渋滞のひどさをモデルに取り入れて、現地点から再び計算を続行すると別の経路が浮かび上がります。

渋滞のひどさは、危険度最小経路探索のモデルで考えたように危険度の大きさと同様に考えることで、モデルに取り入れることができます(モデルの詳細を読んでいる方のために、より具体的に説明すると、渋滞がひどいとき、「a_{ij}」の値が大きいとします)。

このようにして求められる経路は、最短「距離」ではなく、最短「時間」になります。渋滞状況が各道路で時々刻々と変動しても、各計算ステップごとに渋滞値(a_{ij})を更新しながら同様の計算を実行するだけで対応できます。渋滞状況の変動に対する自在な応答性は、生物の持つ適応性の現れと理解できます。そもそも変動著しい野外環境で自然に作動している計算方法ですから、状況変化にリアルタイムで対応することなどすでに織り込み済みということなのでしょう。これもまた、生物型解法の著しい特徴といえるでしょう。

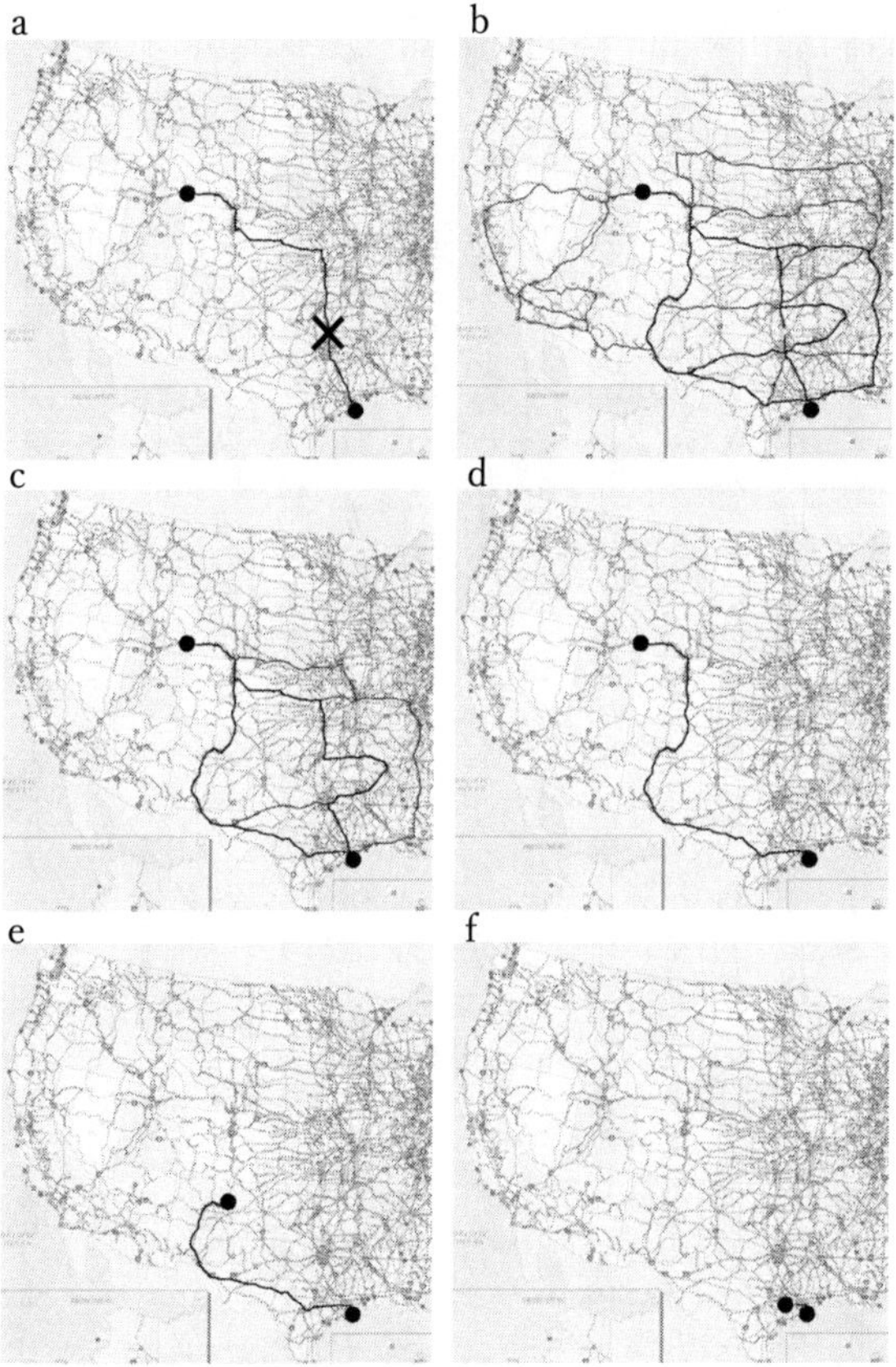

図 4-6　ヒューストンに向かう途中、ソルトレークシティあたりで事故が発生（×印）した場合の粘菌解法のシミュレーション

変動する渋滞状況で最短時間経路を探索するような問題は「動的最適化」と呼ばれ、実社会に多くの適用事例があります。フィザルムソルバーが、ある特定の種類の動的最適化問題に利用できるのではないかと期待されます。

粘菌の適応ネットワーク形成のアルゴリズム

最後に粘菌の計算方法の特徴をまとめておきましょう。組み合わせ最適化を全体に渡ってすべて実行するのは、先ほどお話ししたとおり骨が折れますが、より小さい部分的な区画に限ってみれば、負担は激減します。フィザルムソルバーでは、そのような部分的な区画において、使わなさそうな経路が速やかに退化します。たとえば、部分的な区画内の二地点間を結ぶ複数の経路があるとき、より長い経路が早く退化します。このような経路の間引きがあらゆる局部で同時並行に生じるため、全体として残る経路数は格段に減少します。こうすることで、組み合わせの数が劇的に減少します。もっとも、このようなことができるのは、出発地と目的地の間に水の流れが与えられており、この大域的な流れが定められているからです。以上のことを自律分散の情報処理という観点でみると、局部的な経路の間引きがまさに中枢からの指示に頼らない処理にあたります。

このような自律分散的な経路の差別化が不断に作用することが、フィザルムソルバーの本体です。ですから、局部的にかつ時間的に状況が変化しても、その変化に局部が短期的に対応して経路の差別化を継続するだけでよいのです。それでいて全体として上手な解になっているのが、粘菌に学ぶ自律分散処理の妙といえましょう。もっとも、粘菌は一例にすぎませんので、いろいろな原生生物の行動について、それぞれの生息する複雑な野外環境を模した実験をすることで、細胞レベルで発現する巧みな情報処理の仕組みがさらにわかってくると思います。

第5章

両立が難しい目的をバランスさせる粘菌の能力

これまでは餌場所が二つでした。三つに増やすとどうなるでしょう。どのように餌場所をつなぐのでしょうか？　やはり最短な経路をとるのでしょうか？　もしかしたらつながないかもしれません。実験で確かめてみましょう。

図5―1を見てください。はじめに、丸い粘菌を用意します（a）。その円周に沿って等間隔に三つの餌を置きます。つまり、この円に内接する正三角形の頂点に餌があるわけです。

粘菌は、時間とともに三つの餌場所に集まってきます。同時に、餌場所をつなぐ複雑な管ネットワークが浮かび上がります（b）。やがて、そのうちのいくつかの管が消滅していき、最終的には数本の管が残ります（c）。ここまで、だいたい半日から一日かかります。ほとんどの場合、三つの餌場所すべてがつながります。つないだ管ネットワークの形は、実験ごとにさまざまでした。いくつかの例をd～oに示します。この形の意味を考えるために、この場合の最短経路について述べておきましょう。

シュタイナー経路

正三角形の頂点をすべて結ぶ最短な経路は、図5―2のpのように「正三角形の重心と各頂点を直線で結んだ形」をとります。重心がトリプルジャンクションになって

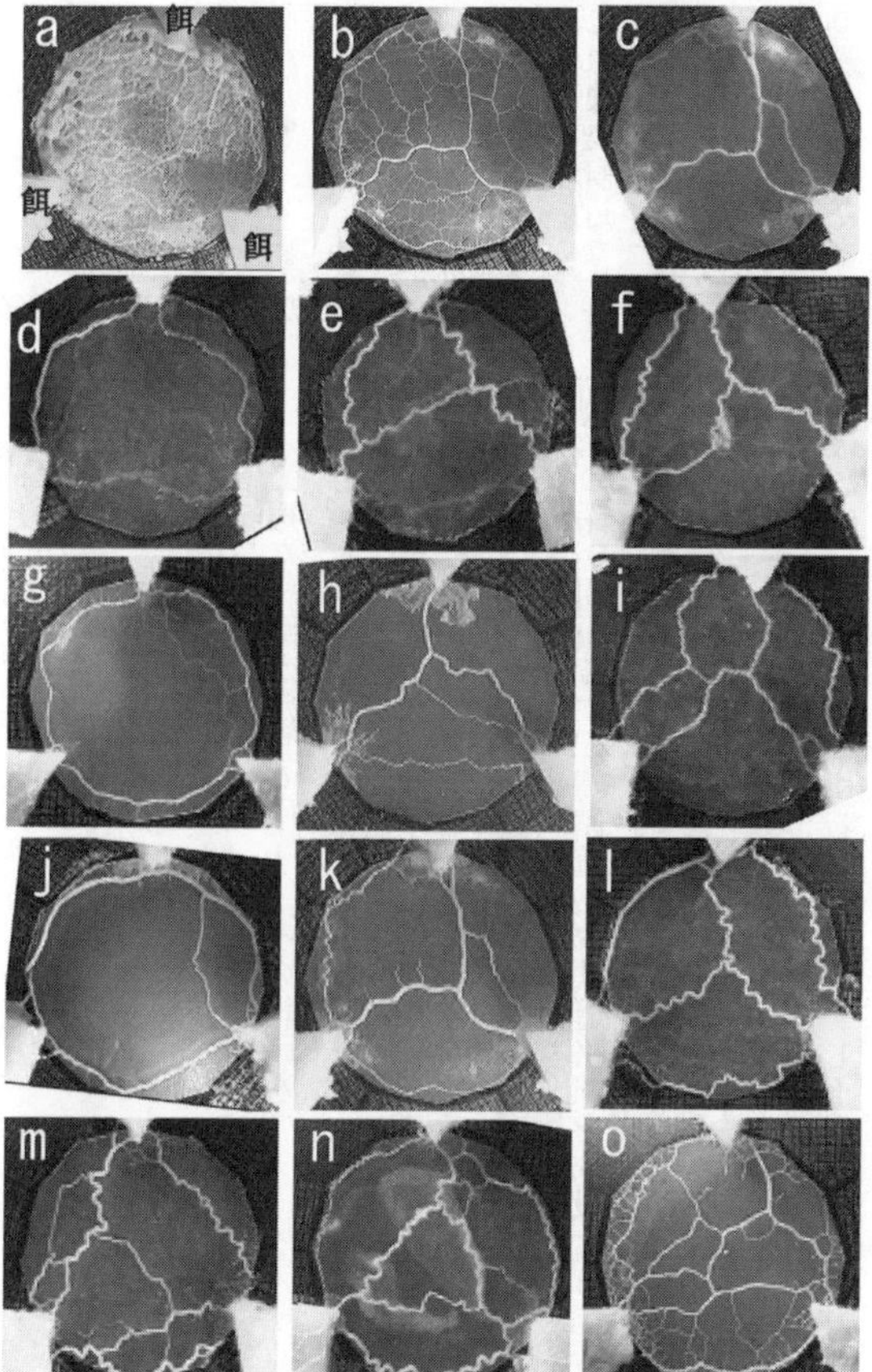

図5-1　3つの餌場所をつなぐさまざまな粘菌ネットワーク

います。三つの辺の間にある三つの角度はすべて同じ、一二〇度です。

一般に、「平面上のいくつかの点（場所はどこでもよい）を結ぶ最短経路を求める問題」をシュタイナー問題といいます。古典的な幾何学の問題です。点の数と配置を与えると、最短な経路が定まります。その経路を、シュタイナー経路とかシュタイナーの最小木と呼びます。シュタイナー問題の解法は、今もなおグラフ理論という分野などで研究されています。

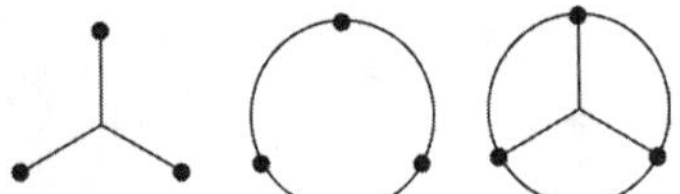

図 5-2　粘菌のつくったネットワークの3つの類型

シュタイナー問題は、最短ネットワーク問題とも呼ばれ、これまた身近な生活と関係の深い問題です。高速道路や鉄道路線を敷設する場合、いくつもの都市をなるべく短い距離で結ぶことが求められます。電気を運ぶ送電線、上下水道、情報を運ぶ光ファイバーなどを設けるときも同様です。短いほど効率的で、何より経済的です。現実に敷設するには、地形の問題や住宅地の買収の問題などほかの要因もありますから、最短経路のみを追求することが必ずしも得策ではありません。しかし、真に最短な経路を知っていれば、ほかの要因とのバランスを図るときに大いに役立ちます。

仮に、一%の違いでも、全長が一〇〇〇キロメートルなら一〇キロメートルになりますから、その分の予算（大がかりな工事ですから、かなりの金額でしょう）が節約できます。

シュタイナー問題の解法に、メルザックのアルゴリズムがあります。この方法で正解が得られるらしいのですが、組み合わせ数の爆発という困難が生じて、現実的には解けません。点の数が三〇もあると絶望的です。まったく違った発想で解こうという研究もなされています。石けん膜（シャボン玉）が表面張力の効果で極小面積をとろうとする性質を利用するのです。実際、非常に興味深いのですが、ここでは触れません。

ネットワーキングのバラエティ

では、粘菌のつくったネットワークの形を見てみましょう。

一見とりとめのないように見えるほどのバラエティではありますが、ざっと眺め回してみると、シュタイナー最小木（図5—2左）に似た構造（シュタイナー類似体と呼びましょう）を含んでいるものがかなり見られます（図5—1のc、e、f、h、i、k、l）。

他方、シュタイナー最小木類似の構造をまったく含まないタイプもあります。輪《わ》っか状になっているタイプです（図5—1のg、j）。これをサイクル型と呼ぶことにします（図5—2中央）。輪っかとシュタイナー最小木類似体の混合形（図5—1のl）もたくさん見られます。これを、ベンツ型と命名します（図5—2右）。車のベンツのマークに似ていますから。また、少数ではありますが、それぞれの餌場所に分裂するもの（図5—1のd）もあります。もっと複雑な形状をとるもの（図5—1のm、n、o）もあります。

このような形は、時間とともに徐々にできてきます。はじめは円形に広がっている粘菌が、餌場所に集まり始めると複雑な管ネットワークを形成します。そして、そこの管がやせ細って消滅していき、管ネットワークはどんどん単純になります。ついには、ほんの数本の管が残って餌場所をつなぎます。比較的単純な形の多くは、ベンツ型からいくつかの辺をとりのぞいた形と見なせます。実際、時間変化を見てみると、いったんベンツ型を経由して、そこから辺が除かれていくことがよくあります。

粘菌の管ネットワークの形は、三つの餌場所の場合、シュタイナー最小木に類似の形を含むものがしばしば見られるものの、最短ではありません。ベンツ型など、もとより最短ではないことから、最短性というルールは破綻しています。ただ、シュタイナー類似体が多いことは、最短性ルールも緩くではありますが、まだ何らかの意味で効いていると思われます。

三つの指標

ベンツ型は、単に最短ネットワークの失敗作なのでしょうか？　そのように見る立場もあるでしょう。しかし、ここでは、もう少し粘菌の能力が高いと仮定して、別の見方を探します。

粘菌の野外での生活を想像してみると、二つの事柄に思い当たります。一つは「どの二つの餌場所同士もなるべく短い距離でつながっていたほうがよいだろう」という点。これは、全体のつながりを短くすることと必ずしも一致しません。正三角形の三頂点の場合、どの二点も最短につなぐとサイクル型になり、シュタイナー経路と異なります。この見方を定量化するために、二つの餌場所を選んでつなぐいちばん短い経路を探し、それを二点間の距離とします。すべての二点間の距離を測って平均をとり、この平均的二点間距離を指標とします。

二つ目の見方は、次のようなもの。粘菌はトビムシやら他の生物によって切断される可能性もあるから、万が一それが起きたときでも、依然としてすべての餌場所がつながりを保っているようなネットワークのほうがよいだろう。これを測るために、次のような指標を考えます。

一回の断線がどこかランダムな場所で起きたとき、全体がまだつながりを保っているか、あるいはどれかの餌場所が分離孤立するかを調べます。二倍長い管は、二倍高い確率で断線が起きるとして、一回の断線でどの餌場所も分断されない確率を求めます。ランダムな断線に対して全体の連結性がどれほど保障されるか、という意味で「連結保障性」と呼ぶことにします。

以前用いたネットワークの全長、すなわち最短性を表す指標に、新たな二つの見方を加えると、指標が三つになります。最短性はコスト（経済性）の、平均距離は効率の、連結保障性は耐故障性（保険）の意味合いがあります。コストと効率、あるいはコストと保険は、どちらも互いにトレードオフの関係にあります。こちらを立てれば、あちらが立ちません。ですから、どこかで折り合いをつけなければなりません。

粘菌ネットの多目的最適性

三つの餌場所で見られた粘菌の形をこれらの指標で見直してみましょう（図5―3）。

一つ一つの丸印が粘菌のつくったネットワークです。最短性と連結保障性の関係（図5―3のａ、ｂ）を見てみます。ネットワークの全長はさまざまで、長いものから短

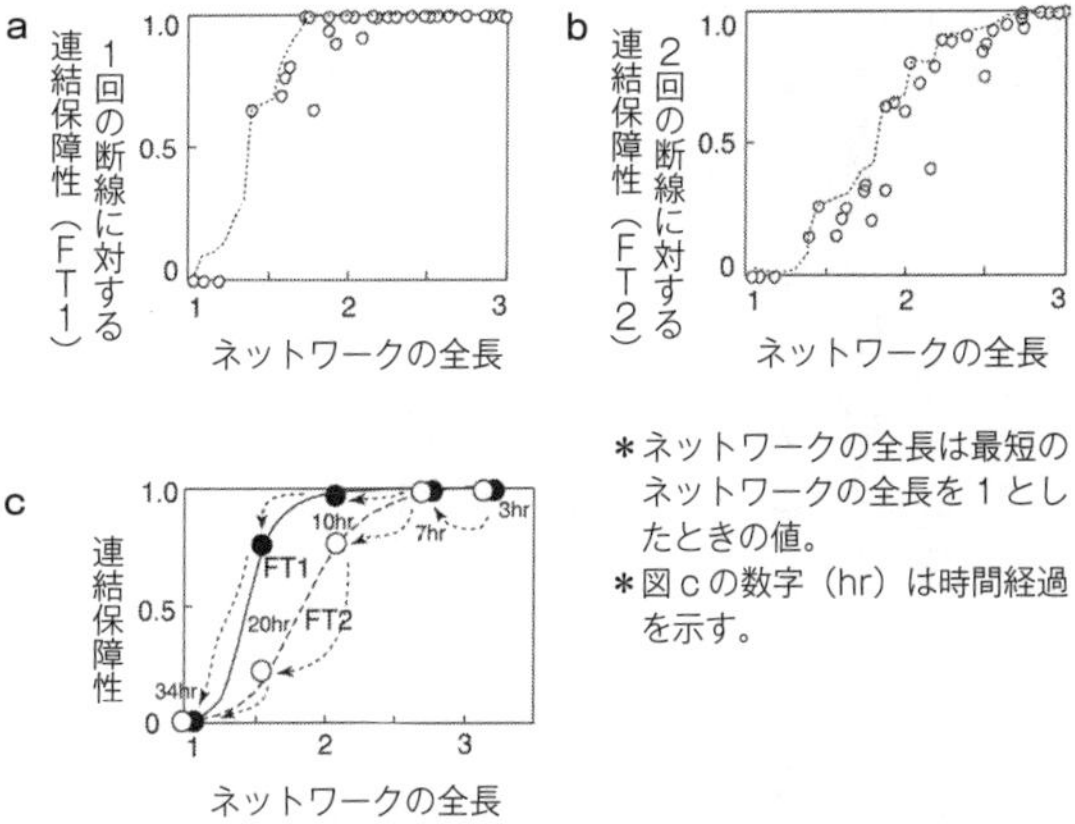

＊ネットワークの全長は最短のネットワークの全長を１としたときの値。
＊図ｃの数字（hr）は時間経過を示す。

図5-3　餌場所が３箇所の場合の多目的最適性評価

いものまであります。グラフを眺めると、データの点が列をなしていることに気づきます。その点列をなぞると、なにやら一つの曲線が浮かんできます（たとえば図中の点線。これは点列の上縁をなぞったもの）。この曲線は、何を意味するのでしょう。

じつは、これは最短性の各値に対する連結保障性の最大値です。ただし、厳密な意味での最大値ではなく、ほぼ最大値という意味です。ネットワークの全長を指定すると、その条件の下で連結保障性を最大にするネットワークの形があるはずです。私たちがそれを知りうるかどうかは別にして、存在することは確かです。

粘菌ネットワークは多様な形をとりますが、どの全長においてもほぼ最大の連結保障性を実現しているとは、驚きです。コストと保険が、ぎりぎりのところまで両立されています。まさに、最適なトレードオフといえます。

このように二つの指標を同時に最適化しようとすることを「多目的最適化（multi-objective optimization,multi-purpose optimization）」といいます。このとき、粘菌で見たような最適トレードオフ曲線、つまり一つの指標を固定したときにもう一方の指標がとりうる最適値を示す曲線を求めることが重要になります。この曲線を、多目的最適化の業界では「パレートフロンティア（Pareto frontier）」といいます。多目的最適化は、近年もなお活発な研究が進められています。粘菌の計算方法がわかれば、多目的最適化への利用もできるかもしれません。

時間変化の様子をみてみましょう（図5―3c）。

基本的には時間とともに全長が短くなっていきます。一例として、最終的にはシュタイナー経路類似体（図5―3cでネットワークの全長が1）になったネットワークが、どのような形をたどったのか見てみます。その結果、パレートフロンティアにそって変形しました。くどいようですが、厳密な意味でのパレートフロンティアではなく、近似的なものです。とはいえ、最終的な形のみならず、途中経過の形もほぼ最適トレー

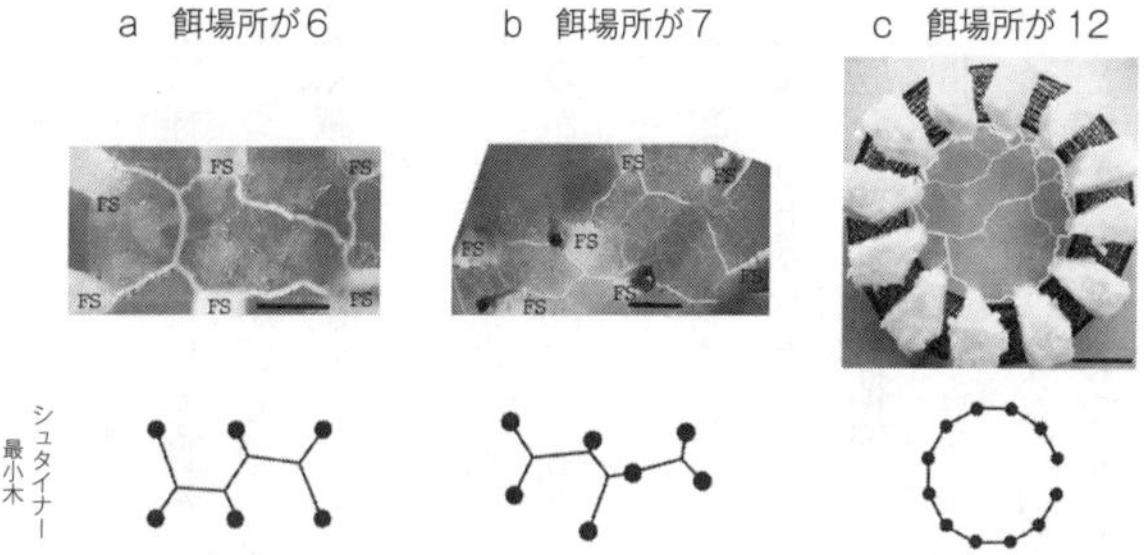

図 5-4　餌場所が多い場合の粘菌のネットワーク。粘菌の写真（上）と、最短経路を表わすシュタイナー最小木（下）

ドオフを成しとげているとは、つくづくたいしたものだと思います。

余談ですが、鉄道路線の廃止の際には、パレートフロンティアにそうように実施してはいかがでしょう。ほかの要因もあるのでこれだけではいけませんが、一つの指針です。

次に、全長と平均距離の関係を見てみましょう。全長が変わっても平均距離はあまり変わりません。三点しかないので、それほど大きい変化が見られないようです（データは示しません）。そこで、もう少し点の数を増やしてみます。図5―4のような六点、七点、一二点の場合です。三つの指標はどれもそこそこ満たされます（データは示しません）。

一二点の場合、効率が高められているのがわかります。これは、円周にそってほぼ等間隔に一二個の餌場所があります。最短な経路は、円周にそって隣り合う点を順に結んだ経路（ただし一カ所だけ結ばないで、サイクル型にならないようにしたもの。図5―4の右下）です。最短経路に似た形を含んでいますが、円の中心部をショートカットして反対側の餌場所をつなぐ管がいくつか見られます。このようなショートカットは、平均距離を効率よく減少させます。

粘菌ネットワークの解析に際して、人為的に導入した三つの指標、最短性と連結保障性と平均距離は、粘菌にとっても意味あるものといえそうです。「本当に意味があるのか？」と問われると、「粘菌に訊いてみない限りわかりません」と答えるしかありません。けれども、三つの指標がうまくバランスされているので、「意味あると見る」ことによって粘菌ネットワークの性質を掘り下げることができます。ですから、私はそのような立場をとっています。

厄介なのは、「粘菌に訊けたとしてもわからない」かもしれないことです。私たち人間のことを思い出してみましょう。「自分のすることがどんな結果をもたらしているか？」を問われて、すべて間違いなく他者に答えることなどできません。意図したかどうか、意識的であったかどうかにかかわらず、意図したように運ぶ場合もあればそうでない場合もあります。もとより、無意識的に多くのことをしているわけですから。

粘菌で見た三つの指標は、社会基盤のインフラネットワークがうまく満たしていてほしい性質です。鉄道、自動車道、送電線、水道などのネットワークが、より多面的な機能性を持つならば、社会の底力も高まるでしょう。

粘菌の多目的最適化手法——適応モデル三たび

さて、粘菌はどのようにしてこのような多目的最適化問題を解いているのでしょうか。迷路や危険度最小化経路の解法で説明した適応モデルが、またしても、ここで威力を発揮します。ただし、以前のモデルでは単純化しすぎた点を一つ、より現実的なものへと修正します。モデル方程式の詳細には触れずに、基本的なことだけ説明します。

適応ネットワークモデルの眼目は、管の太さが、そこを流れる流れに反応して変化する点にあります。流れが活発なら、管は太くなってますます流れやすくなります。管の太さは、管のコンダクタンス（流れやすさ）として表現されます。以前のモデルでは、流れが大きければ、どれだけでもコンダクタンスの成長率が大きくなりました。ここでは、この関係について二つの点で変更します。

一つ目は、飽和の効果です。ある程度流れが大きくなると、コンダクタンスの成長率は頭打ちになるというもの。また、流れが非常に小さいときには成長率はほとんどゼロとします。後者は、原形質という粘液の不思議な性質からきています。圧力が十分小さいと、原形質は固体のように振る舞って流れません。これに対し、水のような液体では、圧力が小さいときでも、小さいなりに流れます。以上、二つの点を定量的に取り込むために、シグモイド型関数を用います。どれほどの傾きかは判然としないので、それを表す自由度をモデルパラメータとして残しておきます。この点は、後ほど検証します。

モデルの変更点の二つ目は次のとおりです。餌場所がたくさんになると、どこが水の湧き出し口で、どこが吸い込み口かを決めなければなりません。餌場所が二つのときは、どちらが湧き出し口でどちらが吸い込み口でもモデルとしては同じですから、何も考える必要はありません。さて、たくさんの餌場所では、どうしましょうか。現物を観察するのがいちばんですが、残念ながらこれに関しては、限られたことしかわかっていません。そこで、少々大胆ではありますが、思い切った仮定をおくことにします。

まず、どの時刻でも同時に存在するのは、一つの湧き出し口と一つの吸い込み口のみとします。それらを、まったくランダムに選び出します。次にこのランダムな選び出しを、短い時間ごとに改めてやり直します。湧き出し口と吸い込み口はめまぐるしく変わることになります。長い時間でみると、どの餌場所も均等に、湧き出し口と吸い込み口とになります。どこも差別なく、対等というわけです。この仮定は、実際の粘菌とどれほど合致するのかわかりませんが、第一の近似としては、それほど悪くはなかろうと予想しています。

モデルのシミュレーション

シミュレーションの結果、三点の場合のさまざまな形が再現されました。このモデルにはパラメータがあって、それをいろいろ変えて計算します。そうすると、バラエティが見られます。そのパラメータとは、「湧き出し口から流入する水の量」です。粘菌の量が多いと、流れとして出回る原形質の量が増えるので、このパラメータは実験のはじめに置いた粘菌の量を表します。もし、粘菌量が一定でも、置く餌の量がばらついていれば、出回る原形質量は変わるから、パラメータはやはり変動します。三つの餌場所の実験では、餌と粘菌の量はそこそこばらついているので、パラメータを変えることは現実とも対応します。

シュタイナー最小木型、サイクル型、ベンツ型などが再現できます。「湧き出し量」が多くなると、より複雑なネットワーク、つまり全長の長いものが出てくる傾向にあります。粘菌が多ければ、それだけ物資が豊富なわけで、管を増やして、保険や効率を高めるのは理にかなっています。

シミュレーションによる形の時間経過を見てみましょう。最終的にシュタイナー最小木型になる場合を例にします。いったん、ベンツ型を経由し、徐々に管が消失します。その変化、つまり全長が短くなる変化は、パレートフロンティアにそっています。これは、現実の粘菌で見られた様子と一致します。最終形のみならず、途中の形でも、そのときどきの全長で連結保障性という保険がほぼ最適化される様子が、再現されています。

粘菌の適応ネットワークモデルは、粘菌の行う多目的最適化の計算手法を捉えているようです。いくつかの仮定に基づいてはおりますが、どうにかこうにか、基本的なダイナミクスを模擬しています。

ここまでくると、粘菌に触発された計算手法によって、多目的最適化問題一般に対してどれほどのパフォーマンスが出せるか、きちんと調べてみたくなります。実験で行ったのは比較的少数の餌場所に限っていましたが、そこから計算手法を学び取れたなら、もっと複雑な問題でもコンピューターの中で扱うことができます。このような粘菌手法による多目的最適化の研究は、まだほんの入口にすぎず、今後の発展が大いに期待されます。

関東圏の鉄道網を粘菌に設計させたら

粘菌はたくさんの餌場所を多機能的につなぐことを見ました。最短性は経済性です。断線に対する連結保障性は、断線を部分的な故障とみれば、故障に対するしぶとさであり、一言でいえば耐故障性です。二点間距離は、効率です。これら三つの性質は、社会のインフラストラクチャーである交通路ネットワーク、上下水道ネットワーク、情報通信ネットワークが持っていてほしい性質です。

私たち人間がつくった現実のネットワークを、もし粘菌が設計したなら、いったいどのようなものになるのでしょう。比べてみましょう。そこで、ここではＪＲの鉄道路線ネットワークを例題にします。これまでの経験を利用して、実験してみましょう。

まず、三〇センチ四方程度の大きさの寒天プレートを用意します。このプレートの上に関東地方の地図を描きます。関東圏の三〇ほどの街をピックアップして、その街の場所に餌を置くというものです。現実の街の位置関係が、寒天上の餌場所の配置と

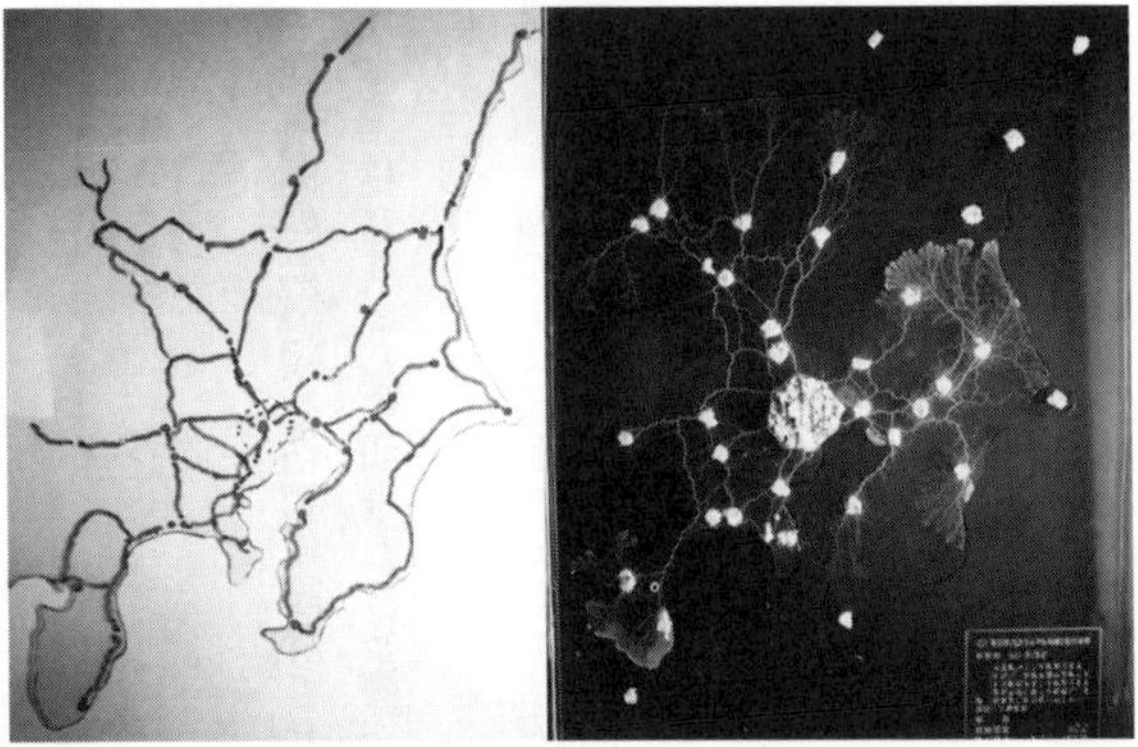

図 5-5　関東圏の JR 路線ネットワーク（左）と粘菌のネットワーク（右）。高木清二博士による

して表現されたことになります。街の人口や産業はそれぞれ異なりますが、餌場所はどれも均等にします。

次に、東京の位置に粘菌を移植します。餌と、その上にたくさん盛り上がっている粘菌をまとめて移植します。一、二時間もすると、移植部位から粘菌が伸び出してきます。どんどん広がっていき、餌場所に到達します。すると、粘菌は、餌の上に盛り上がり、養分を吸収します。餌の上に体を残して、さらに伸びていきます。伸び広がる先端部では、粘菌の体はシート状です。非常に細かい管が、たくさんあります。先端部が餌場所を通過して、どんどん先へと遠ざかっていくと、餌場所付近ではたくさんあった管が次々

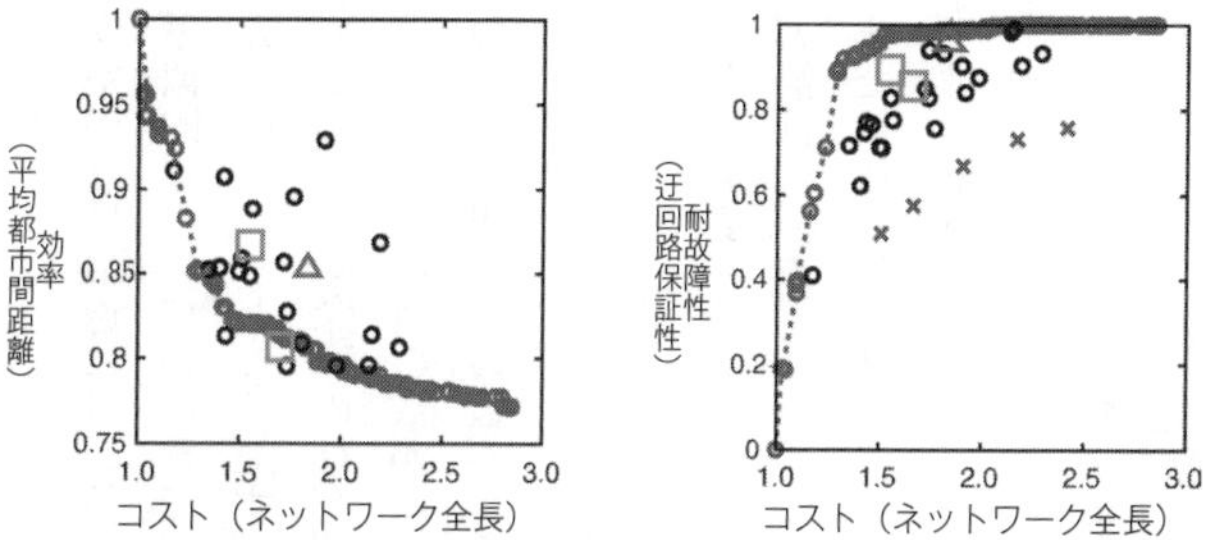

図 5-6　粘菌ネットワークの多目的最適性評価。白丸の 1 つ 1 つが粘菌のデータ。点線はモデルのシミュレーション結果。三角形は JR のネットワーク、四角形は地形変化も入れた実験の結果

に消失して、何本かの管だけが逆に太くなって残ります。しばらくすると、たかだか数本の太い管のみとなり、それらが餌場所をつなぎます（図5―5）。

最も外縁にある餌場所を過ぎた後、粘菌は寒天プレートの端までやってきます。プレートの端には、比較的巨大な餌場所を用意しておきます。粘菌が後戻りしないようにするためです。したがって、この餌場所は、街を表すものではありません。このように粘菌が吸収されたころ、餌場所をつなぐネットワークを見てみると、すべての餌場所が少数の管でつながれています。

このネットワークの多機能性をみてみましょう（図5―6）。経済性、耐故障性、効率です。ネットワークの形は実験ごとに異なります。経済性であるネットワークの全長では、短いものから長いものまでさまざまです。驚いたことに、どの全長でも、保険（耐故障性）や効率がほぼ最適に近い値を示します。前章で述べたように、パレートフロンティアを近似的に求めていそうです。ただし、それほどはっきりとしていないため、今後の研究が待たれるところです。

ここで興味深いのは、問題を解くのに要する時間です。組み合わせ最適化の手法では、つなぐ場所の数が増えると、計算時間が爆発的に増えてしまいます。現実の粘菌の場合、餌場所の数が増えても問題になりません。

地形のバリエーションを取り込む

現実に鉄道を敷設するには、地形を考慮しなければいけません。山岳地帯や河川や湖沼は、極力横切らずにすむようにします。このような地形効果を粘菌実験にもたらすために、光を使います。危険度最小化経路のところで見たように、粘菌は光を避けるように振る舞うので、河川や湖沼や海洋がある場所には非常に強い光を当てます。土地の標高が上がるにつれ、より強い光を当てます。このような光の照射パターンは、地形の特色を表しています（図5―7左）。

このような実験条件でできるネットワークは、ＪＲの路線に見られるある特徴とよ

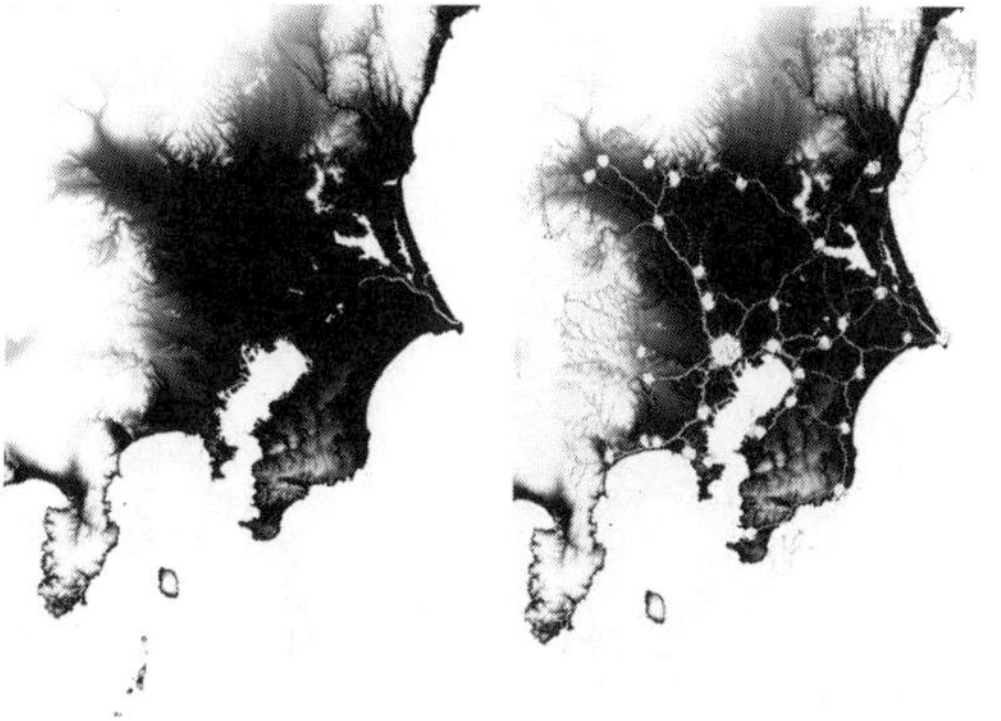

図5-7　地形のバラエティを粘菌に受け渡すための光照射用のマスクフィルム（左）と、地形情報も加味して粘菌がつくったネットワーク（右）。高木清二博士による

く似ています（図5―7右）。たとえば、海岸線にそって経路がつくられること、谷筋にそって路線が延びることです。もちろん、河川などの水域を避ける傾向はいうまでもありません。また、非常に興味深いことに、東京湾の最も狭い海峡部にときどき管が通ることです。東京湾アクアラインを思い出させます。これにより、効率や耐故障性が高められます。

さて、JRのネットワークのほうは、どんな評価になるでしょうか？　経済性も他の二つの指標も、ともにほどよく満たされていました（図5―6の三角印）。粘菌は、ある経済性の範囲にわたり、よい耐故障性や効率をとり、J

Rはそのうちの一つに相当します。粘菌の出すバラエティのうちの一つだというわけです。多機能性に関しても、JRはよいといえます。粘菌と同じ程度に！

粘菌とJRの不思議な類似性

図5―6の中の点線は、モデルのシミュレーションから得られた結果です。ここでは、モデルの中のあるパラメータをいろいろ変えることによって、経済性にバラエティを出しています（図5―8参照）。水道管モデルでいうところの、「蛇口から流入する水の量」です。これが増えると経済性は下がります。つまり、ネットワークの全長は長くなります。どの管もやせ細る過程を抱いておりますが、十分な流れがあればそれに対抗して太ることができ、流入水量が多ければそれだけ多くの管が生き残れるわけです。

モデルの結果は、近似的にパレートフロンティアになっているのではないかと予想されます。本当にそうなのか、今後の研究が待たれます。

粘菌とJRとの類似性は不思議です。と同時に興味深いものです。JRのネットワークは、はじめの段階でどこまで全体を構想して設計されたのか知りませんが、少なくとも明治、大正、昭和、平成と時代を経て次々に増設されてきた経緯があります。

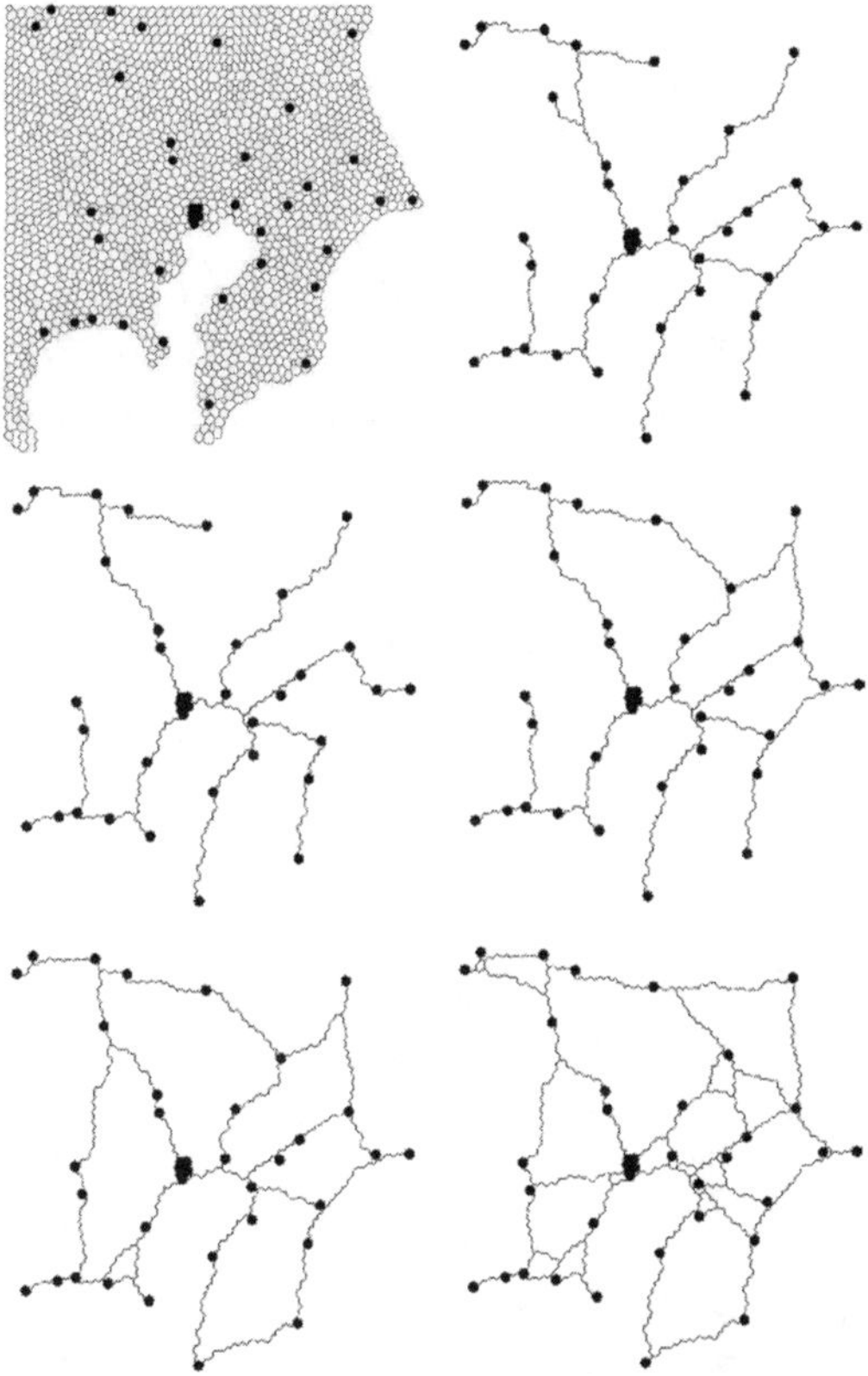

図 5-8　適応ネットワークモデルでデザインしたさまざまなネットワーク。モデルのパラメータを変えることにより、耐故障性やコストのバランスを調節できる。手老篤史博士による

はじめは東京周辺からスタートしました。その意味では、粘菌の実験と似ています。はじめに粘菌を置いたのは東京でしたから。

ときには、各地域の要望が対立または協調する中で、バランスがとられたかもしれません。政治家の力、それを支援する住民、経済界の思惑、関係省庁の国土計画、等々のさまざまな要因があります。そこには、一人の人間の力ではどうにもならない、巨大な社会のダイナミズムがあります。これも、広い意味では一つの自然現象と捉えることができます。ヒトの集団挙動です。

ＪＲとの比較実験を構想したとき、私はもっと違う結果を予想しました。「ＪＲのネットワークはそれほどすぐれていないだろう」と。強い根拠はなかったのですが、先入観で、「一部の権力者の利益誘導が効いて歪んでいるはずだ」と。それならば、粘菌の力を借りて、その「いびつさ」を暴いてみたいと思ったのでした。ところが、結果は予想に反していました。

本来、交通網と街とは相互に影響を及ぼしながら発展するものです。ですから、どちらかが一方的に先んじて存在するというのは、現実的ではありません。交通網と街の相互発展は、その意味で興味深いテーマです。理系と文系の両方が不可欠なところが、チャレンジングであり、かつすこぶる魅力的です。粘菌のような生きものが広がり発展していく仕組みとも、思わぬ共通性が潜んでるやも知れません。

ＪＲのネットワークの問題は、場所数が三二です。粘菌方式の解法を、もう一度見てみましょう。前章でみた、適応水道管モデルが、ここでもそっくりそのまま使えます。ただし、ここでは、一つのモデルパラメータ（蛇口から流入して来る水量）がありました。それを変えることで、経済性を調節できます。経済性最優先のもの、経済性をおさえて耐故障性や効率を高めたものなど、自由に設計できます。これはとてもありがたい利点です。

シュタイナー問題への応用

シュタイナー問題は社会と関わり深い、と先に述べました。そこで、粘菌の経路探索にヒントを得て、シュタイナー問題の近似解法を考えてみました。例題として、一六点の問題（図５—９）を選びました。基本的な考え方は、適応ネットワークモデルと同じです。ただし、シュタイナー問題用に多少の変更を加えてあります。その詳細はここでは述べません。

このシュタイナー問題の正解は、図５—９左下のとおりです。モデルシミュレーションの結果は、右側にあります。

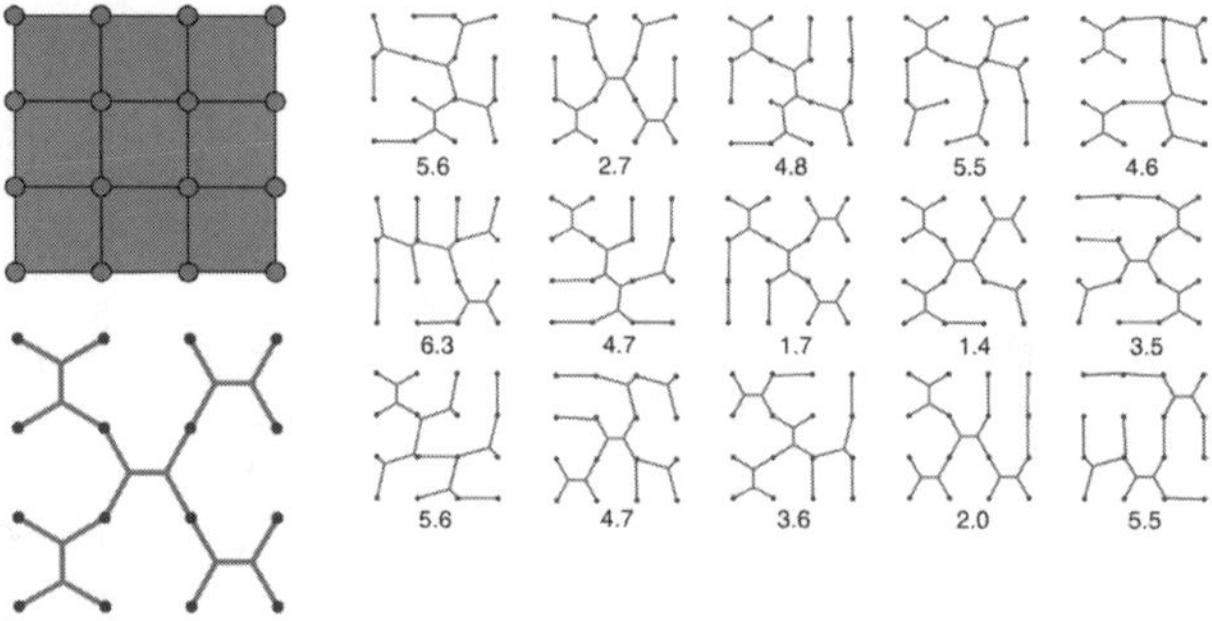

図 5-9　16 個の点（左上）を結ぶシュタイナー問題。正解は【左下】。右側は粘菌式解法による解答の数々。正解との差は、いずれも数% 程度（図の下の数字がそのパーセンテージを示す）。

はじめの管の太さは、どれもほぼ同じとしていますが、厳密に同じではありません。小さな揺らぎが持たせてあります。その揺らぎをいろいろ変えて（初期状態を変えて）、一〇〇〇回試行しました。その結果、正解が得られたのは一％でした。九九％は、不正解でした。しかしながら、不正解のほとんどは、それほど悪い解ではありませんでした。正解の全長の長さに比べて、たかだか七％以内のエラーでした。このエラー範囲の中で、さまざまな解を求めることができたわけですから、粘菌解法の利用価値もありそうです。

適応ダイナミクスの共通性

粘菌の多機能ネットワークを見てきまし

た。その仕組みをダイナミクスの観点からまとめてみましょう。

流れるところがますます流れるというルール、言い換えると、太る管はますます太るというものです。流れに対する管の適応性でした。この適応性は、いかにも生物らしい性質です。適応のダイナミクスは、相反する作用すなわち流れによって太くなる作用と、一定の割合で細くなる作用とのバランスで決まりました。拮抗作用のバランスで生理的な状態を調節するのは、生物システムにはよく見られます。血中のホルモン濃度の調節などはよく知られた例です。

ネットワークの場合、もう一つポイントがありました。水道管ネットワークに流入する水量が一定であることです。これにより、ある管の経路を通って大量の水が流出すると、流出すべき残りの水量が限られ、他のすべての管は影響を受けました。流れの争奪戦を繰りひろげたといえます。これらが、粘菌ネットワークの適応ダイナミクスの特徴としてあげられます。

じつは、このような特徴は、他の生物システムでも見られます。歩行者と近道形成の相互発展は、その一例です。

たとえば、美しく整備された芝生地をはさんで、地下鉄駅と住宅地があるとしましょう。芝生地には立ち入り禁止の札があり、人々は芝生地を大きく迂回して朝な夕な

図 5-10　ヒトのショートカット

に通行します。毎日、ほぼ一定量の往来があります。ときには、横着な人が芝生地を横切ることもあるでしょう。遅刻しそうな人が、なりふり構わず芝生地を疾走することもありそうです。

横切る人がある程度増えると、芝生がはげて下土が見えてきます。こうなると、「道らしい」状態になって、人々の心のバリアーが下がり、より多くの人が芝を横切ることになるでしょう。すると、芝はさらにはげて、より多くの人が往来して……と、どんどん道らしくなります。芝生は常に成長するので、「道らしさ」は常に弱められる過程が作用しています。芝の回復が間に合わないぐらい多くの人々が芝を踏み続けると、道ができます（図5―10）。

ここで、「人の往来」を「粘菌の原形質の流れ」に、「芝の傷み具合に由来する道らしさ」を「粘菌の管のコンダクタンス」に置き換えると、よく似た仕組みといえます。物理的な実体をみれば、粘菌の管ネットワーク形成は、歩行者集団の近道形成とはまったく異なりますが、ダイナミカルな仕組みはよく似ています。この共通性は、ダイナミクスという視点をもつことではじめて認識できるものです。ダイナミクスの考えは、異なるものを同じと見るために、非常に強力なツールです。一般に、世界の見通しをよくしてくれます。

歩行者のダイナミクスのほかにも、蟻道の形成も同様の仕組みが働いています。アリは、歩きながらフェロモンを残していきます。周りのアリはフェロモンの濃いほうに引き寄せられながら歩きます。同じところを歩くとそれだけフェロモンの濃度が高くなり、ますますアリが集まります。そうするとさらにフェロモン濃度が上がり、ますますアリが集まって……と、栄える道はさらに栄えるわけです。

フェロモンはひとりでに揮発するので、アリが通らなければほどなくして雲散霧消してしまいます。「アリの往来」は「粘菌の原形質の流れ」に、「フェロモンの濃度」は「粘菌の管のコンダクタンス」に相当します。もちろん、詳細においては異なる点もありますが、大枠としては同様の性質が見てとれます。

ダイナミクスの考えは、複雑な現象を読み解くとき、頼りになります。通常、何かの自然現象を見たとき、日常言語でその様子を記述します。そのとき、「風が吹けば桶屋が儲かる」的な説明がなされることがあります。ダイナミクスの記述は、状態そのものを記述するのではなく、その背後にあって状態をつくりだす作用のレベルで記述を試みるものです。状態の時間変化率（つまり時間微分）を含んだ方程式になるのは、そのためです。

粘菌の管ネットワークの場合、管の太さ（コンダクタンス）の時間変化率は、流れによる太り作用と一定速度の細り作用の重ね合わせです。状態の形成因で描くため、表現される範囲はすこぶる広がります。記述に要する情報量が少ない分、より統一的な法則となります。

力学運動の諸相がニュートンの運動方程式で描けてしまうのは、その一例です。ニュートンの方程式は（物体の質量）×（物体の加速度）＝（物体にかかる力）というじつにシンプルなものですが、日常語ではとうてい思いつきそうもない運動をもたらします。加速度は、速度の時間変化率です（そしてさらに、速度は位置の変化率です）。外から力が加わると、それに比例して運動速度の変化率が変わります。そして、その比例係数が質量です。たったこれだけです。こうして、物体が空間を運動する様を記述しつくします。

一般的に、単純なルールに基づいて状態を発展させると、思いもよらない複雑さや驚異的な秩序が現れることがあります。逆に、一見摩訶不思議な挙動をとことん突き詰めていくと、すこぶる単純なからくりに帰着することもまた知られています。昨今注目されている、複雑系の適応現象、創発現象、自己秩序化（自己組織化）などは、このような事実が根底にあります。

第6章

時間記憶のからくり

生物の賢さといえば、やはり記憶や学習する能力があげられます。これまで、粘菌が採餌行動の効率を高めることの手段としてパズルを解くことを見てきました。では、粘菌に記憶や学習の能力はあるのでしょうか？　この章では、粘菌が周期的な環境変動を学習し、予測することができるというお話をします。

周期的環境変動を予測することを示した実験

まずは実験から始めましょう。

細長いレーンを用意して、その片端に粘菌を置きます。粘菌は、反対側の端に向かって移動していきます。先端部の進展速度を測ると、多少の揺らぎはあるものの、ほぼ一定の速度であることがわかります。このような粘菌のレーンを、湿度と温度が調節できる機器の中に入れ、セ氏二五度、湿度九〇％にしておきます。この外気環境は、粘菌にとって好ましいものであり、粘菌は元気に移動します。そこで、刺激として、一時的な環境変動をもたらします。

気温セ氏二〇度、湿度七〇％にします。すると、粘菌は立ち止まります。再び外気環境が好ましいものに戻ると、粘菌は再び動き始めます（図6―1）。このような刺激を一時間に一回ずつ（約一〇分間）、合計三回（図中S1〜S3）繰り返します。粘菌は、刺

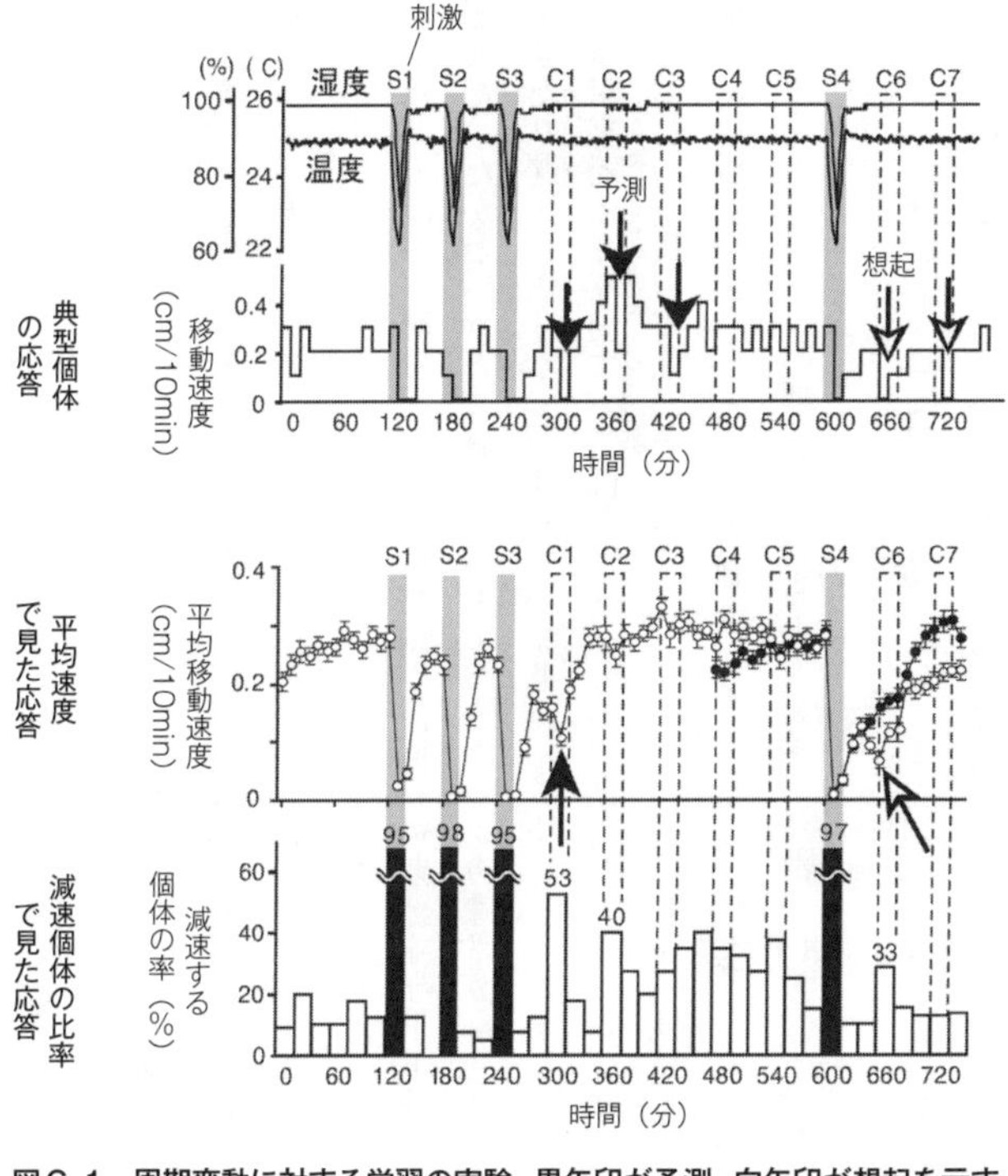

図6-1　周期変動に対する学習の実験。黒矢印が予測、白矢印が想起を示す

激のたびに、立ち止まってはまた動き始めるという行動を繰り返します。三回の刺激の後、環境は、ずっと好ましい状態に維持しておきます。

ところが、四回目の刺激のタイミング（図中C1）で、粘菌は自発的に立ち止まることがあります。立ち止まるとまではいかなくても、大幅に減速する場合もあります。四回目の刺激は、実際にはありません。三回刺激がきたので、次もくるだろうと「予測」して、あらかじめ移動を抑制したと解釈することができます。

一〇〇回ほどの試行の結果、約半数の粘菌が四回目の刺激を予測しました。残りの半数はどうだったかというと、減速するものもかなりありますが、そのタイミングはやや早すぎたり遅すぎたりして、ずれていました。

刺激の周期を変えてみます。先ほどは六〇分の周期でしたが、新たに三〇、四〇、五〇、六〇、七〇、八〇、九〇分とします。すると、どの刺激周期でも四、五割の頻度で予測的な減速をします。四回目の刺激タイミングに続いて、五回目（C2）、六回目（C3）のタイミングでも減速する場合もあります。予測の回数は、せいぜい三回です。

三〇分から九〇分という幅は、三倍の差になります。これほど広いレンジにわたって予測ができることは、粘菌の持つ固有振動数に対する共振（または共鳴）では説明がつきません。

周期性の想起――実験その2

予測的減速の後、粘菌の移動は刺激前と同様になります。そのころを見計らって、再び刺激を与えます(図6―1 S4)。ただし一回だけ。一回だけなので、この刺激には周期性の情報はありません。ところが、刺激の後、粘菌は自発的な減速をしばしば見せます。そのタイミングは、以前に与えられた刺激の周期にほぼ等しいのです。

このことは、過去の刺激周期をどこかに憶えていて、改めて思い出したと思われます。このような周期性の記憶と想起の現象は、六〇分周期の刺激に関してのみ認められているにすぎず、ほかの周期ではまだはっきりしていません。ですから、どれほど一般化できるか、今後の研究が待たれます。とはいっても、単細胞の粘菌にも、このような時間記憶能の芽生えがあるとは驚きです。

第二段階で与える一回のみの刺激をトリガー刺激と呼ぶことにします。記憶を呼び覚ます引き金(トリガー)という意味です。トリガー刺激をどのタイミングで与えるかも興味深いところです。

過去の刺激周期にそって見ると、ちょうど刺激がくるタイミング、たとえば四、五回目のタイミングで予測的な減速をした後、ちょうど九回目（図のS4）のタイミングでトリガー刺激を与えると「想起」（C6）が起こりました。もし中途半端なタイミングでトリガー刺激が与えられるとどうでしょう？　今、仮に図のC5とS4のちょうど中間でトリガー刺激を与えたとします。すると、自発的な減速はS4とC6の中間で起きます。つまり、中途半端なタイミングでも想起が成立します。ただし、周期刺激ののち、少なくとも一日経過した後では、もはやトリガー刺激による想起は見られません。

時間記憶能の生理的意義

粘菌は、周期的な環境変動に対して、それを学習し次のタイミングを予測すること、ならびにトリガー刺激によって、その周期性を思い出すことができます。粘菌のこの能力は、野外で生活するうえでどのような生理的意義を持つのでしょうか？　三〇分から九〇分周期の環境変動とは、どのようなものが想定されるのでしょうか？　それに対して、二つの立場が考えられます。

一つ目は、そのような周期の変動は、たとえば雲が流れて太陽を繰り返し遮るような場合など、野外でも十分にありうるという立場。それならば、この予測能は周期的環境変動への適応能として役立つでしょう。

二つ目は、野外にはそのような周期の変動はまずありえないとする立場。この立場では、粘菌のこの能力は役立つチャンスがなくナンセンスであるという結論を導きがちですが、そうでもありません。もし、野外にそのような周期変動がないとすれば、粘菌が地球に登場して以来、はじめて経験する周期変動ということになります。にもかかわらず、予測することができたわけです。このことはいったい何を意味するのでしょうか？　はじめてのことにもちゃんと対応できるとは、むしろ、より発達した能力と見なせましょう。

別の周期変動、たとえば一日や一カ月などの周期変動は明白であることから、そのような周期性に適応する過程で、三〇分から九〇分の周期にも対応できるような、ある種の一般化（周期的な変動という一般化）が行われたと見るのは行きすぎでしょうか？　一般化が本当になされたならば、これまた驚くべきことです。脳の認知においても、ある種の概念（概念というものはすでにある程度の一般化を前提にしています）を一般化できる能力を「汎化能力」と呼び、高いレベルの知的活動と考えられています。

粘菌の場合は、周期性という性質についてのものであり、汎化能力と直接結びつけるのは飛躍もあるでしょうが、一つの芽生えのように思えなくもありません。さらなる研究が待ち遠しいところです。

時間記憶のからくり——共振

さて、どのようなからくりで、粘菌は時間記憶を成しとげたのでしょうか？　動力学的に考えてみます。当初、皆目見当がつかず、一、二年は途方に暮れました。とりあえず、周期刺激に対する応答性について、知られていることを復習してみました。刺激を取り除いても、揺れ続ける点は共振や共鳴現象と似ています。物体には、固有振動数というものがあります。たとえば、少々おんぼろの車を運転していると、ある速度で急にガタガタ揺れ始めることがあります。タイヤの回転や風の抵抗、路面のゆがみなどに由来する振動性外力が、ちょうど車の固有振動数と同じになり、それを励起するからです。これが共振です。新しい車は、極力このような共振が起きないように工夫が施されています。共振による揺れが大きく発達すると、安全な運転操作が不可能になり、車自体の損壊にもつながるため、そうならないためのテクノロジーが発達しています。制振制御といいます。

共振を積極的に利用することもあります。電気回路には、共振回路というものがあって、電波の周波数とうまく共振させることで特定の振動数の電波を受信することができます。ラジオの周波数つまみ、テレビのチャネルは、共振周波数を切り替えるためのものです。

もう少し単純な例は、振り子です。五円玉を糸で結わえて棒から垂らします。この棒を上下に動かすと、振り子が水平方向に揺れ出すことがあります。これは、上下動の振動数と振り子の固有振動数が共振することで起きます。

糸の長さの異なる振り子を用意して、棒を上下させると、共鳴した振り子だけが揺れ、ほかは揺れません（図6―2）。このことを利用した子供向け科学マジックを目にすることがあります。棒の上下動のかわりに、振り子の側方から周期的に風を吹きつけても同様に共振を起こさせることができます。

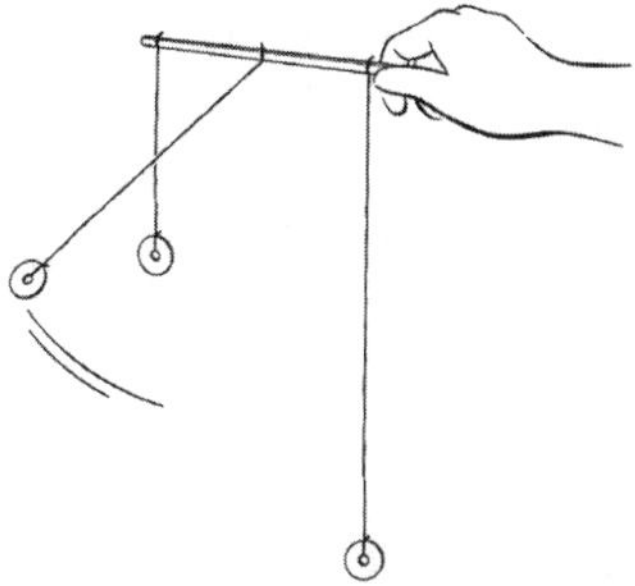

図6-2　3つの五円玉の振り子。棒を上下に動かし、ある長さの振り子だけを揺らすことができる。

共振現象は、物体の固有振動数が目に見える運動として現れるもので、粘菌の時間記憶のように三倍もの周期幅にわたって起きるものではありません。したがって、単なる共振だけでは説明しきれません。

次に考えたのは、もう少し複雑な共振現象です。

皆さんは「カオス」という言葉を聞いた

ことがあるでしょうか？　「混沌」と訳されますが、数理科学ではもっと具体的な別の意味を持っています。一見でたらめのような変動をするある種の運動状態をいいます。速い変動や遅い変動がごちゃごちゃにまざっているようですが、その背後には単純かつ曖昧さのない発展規則が隠れております。見てくれのでたらめさと、源泉の単純さの大きなギャップが、いかにも意外であり、かつたいへん魅力的です。カオス運動をするものを「カオス振動子」と呼ぶことにします。

カオス振動子にどのような振動成分があるかを調べてみると、速いものから遅いものまで万遍なくあることがわかります。どのように調べるかというと、そこにはたいへん便利な先人の知恵があります。フランス人科学者フーリエが考案したフーリエ展開です。どの時間変動の様子も、適当な波の重ね合わせで表せるというものです。

振動数の低い波（振動数ゼロの波は定数、その次は振動数一の波）から始めて、無限に高い振動数の波を用意して、それらを適当な比率で足し合わせればよいのです。この比率を決める方法がフーリエにより示されました。ありがたいことです。波を表す関数として三角関数（サインとコサイン）を用います。ある一つの振動数をもつ三角関数を、一つのフーリエモードと呼ぶことにします。フーリエ展開により、どのフーリエモードがどれくらいの分量含まれているかがわかります。カオス振動子は、フーリエモードが万遍なくあります。

カオス振動子に周期刺激を与えます。共振はある程度見られるのですが、三倍も異なる周期に対してはうまくいきませんでした。

粘菌の多重周期性

粘菌の運動における振動性をつぶさに観察してみると、フーリエモードは速いものから遅いものまで万遍なく存在することがわかります。

二分の周期で見せる収縮リズムがまず目にとまりますが、じつはそのほかにも、数秒のものから数日のものまであるのです。ただ、遅いモードほど振幅が大きいので、それぞれの時間スケールで観察すれば、それに合ったリズム性が目に見えるでしょう。粘菌の運動性は、細胞内の複雑な化学反応ネットワークにより制御されています。全体としては、一つにつながった化学反応系がさまざまなモードの運動をつくりだしています。

粘菌の振動性は多重周期的ではあるが、カオス振動子とも異なります。ここで、この粘菌の多重周期性をフーリエモードに分解して考えることにします。本来、すべてのモードは互いに独立ではありませんが、単純化のためにすべて独立とします。これは一つの大きな仮定です。ただし、単純化の仮定なので、出発点として受け入れることにします。

五円玉振り子の例でいうと、長さの異なる振り子、短いものから長いものまで、ほんの少しずつ長さの違うものが万遍なく、棒につり下げられた状態です。振り子は独立しており、それぞれ個別に運動します。外からの刺激は、この場合、側方から風を送ることとします。棒は固定されて動きません。固有振動数の異なる振り子がずらりと並んでいるので、どの刺激振動数に対しても、どれかの振り子が共鳴することができます。刺激振動数がある幅をもっていても、それがつり下げられた振り子の固有振動数の範囲内ならば、いくらでも共振が生じます。粘菌の予測能のからくりに対するイメージが膨らんできます。

一連振り子モデル

このイメージから、予測と記憶、想起のモデルを提案します（図6―3）。これは、手老篤史博士のアイデアです。

一連の振り子ははじめ、てんでバラバラに小さく揺れているものとします（図6―3 b1）。これが刺激を受ける前の平常状態を表します。各振り子が歩調をそろえるこ

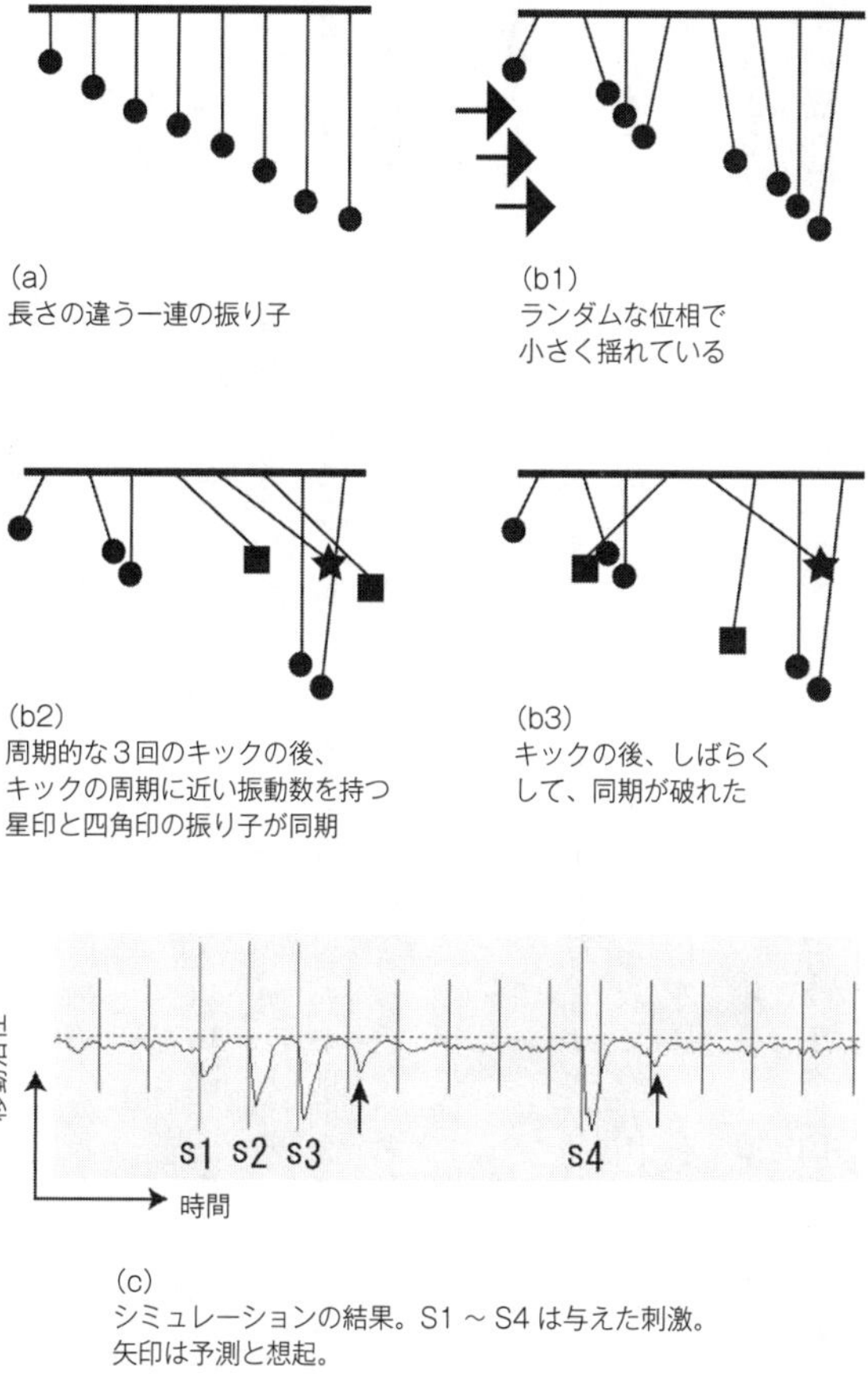

(a)
長さの違う一連の振り子
(b1)
ランダムな位相で
小さく揺れている
(b2)
周期的な３回のキックの後、
キックの周期に近い振動数を持つ
星印と四角印の振り子が同期
(b3)
キックの後、しばらく
して、同期が破れた

(c)
シミュレーションの結果。S1 ～ S4 は与えた刺激。
矢印は予測と想起。

図 6-3　一連振り子モデル

となく揺れているため、五円玉の位置（ふれの角度）の平均をとると、ほぼゼロになるでしょう。ある振動数で三回側方から風を送ると、送風の振動数に近い固有振動数をもつ振り子の揺れが大きくなります（図6―3 b2）。固有振動数が大きく異なる振り子は、概して揺れが大きくなりません。

それはなぜか？　ブランコを後ろから押してやることを思い出すとよくわかるでしょう。ブランコの揺れを大きくするとき、ブランコがだいたいいつも同じ位置にきたときに押してやります。多くの場合、ブランコが後ろ向きから前向きに向きを変えて揺れ始めた直後に押し出してやります。これを、毎回違うブランコの位置で押し出すと、たとえば、後ろ向きで動いているときに押し出せば、勢いは逆に弱まってしまい、全体としては揺れが大きくなりません。

五円玉振り子の揺れが一度大きくなると、風が止んでも揺れは大きいままで、共振現象はそのまま残ります。粘菌の目に見える運動性は、すべての五円玉の平均位置で表されるものとします。この平均位置をここでは、「オーダーパラメータ」と呼びます。全体の秩序状態を反映しているという気持ちです。これもモデルの大きな仮定です。揺れの大きくなった振り子のおかげで、オーダーパラメータは周期的に変動します。これが、刺激後の予測状態をもたらします。

しばらく時間が経つと、オーダーパラメータはどうなるでしょうか？　揺れが大きくないいくつかの振り子の固有振動数はほぼ同じとはいえ、厳密には少しずれています。したがって、振り子の歩調は徐々にずれていきます。やがて、てんでバラバラになるでしょう（図6—3 b3）。このとき、オーダーパラメータはゼロに戻ります。この状態が、予測をしなくなった状態に相当します。ただし、揺れの大きくなった振り子は依然として大きい振幅を維持していることに注意しましょう。刺激の周期性は、ここに記憶されて残っているのです。

予測が終わってオーダーパラメータがゼロに戻ったころに、もう一度だけ風を吹きつけます。これにより、歩調を乱していた揺れの大きい振り子たちが再び歩調を合わせるチャンスが生まれます。歩調がうまく合えば、予測状態と同様にオーダーパラメータが周期的に変動します。その周期は、周期刺激と同じというわけです。このようにして、揺れの大きさとして記憶した刺激振動数を再び思い出すことができるわけです。

この記憶はいつまで保持できるのでしょうか？　もし、ほかに何ら力が加わらなければ、揺れの大きい振り子は永久に揺れの大きいままです。それは、おかしい。小さな摩擦抵抗が作用すれば揺れは小さくなりますが、粘菌に立ち返ったときに「化学反応の摩擦抵抗力」とは何なのか判然としません。

以上が、粘菌の時間記憶能を説明する振り子モデルです。モデルの検証は、これからの研究を待たねばなりません。

モデルのピクチャーが十分単純で素直な分、特別な事情を必要としません。その意味で、期待できます。このモデルをここでは、「一連振り子モデル」と命名しておきます。モデルを計算機でシミュレーションすると、確かに予測と想起を再現します（図6―3c）。一連振り子モデルは、時間記憶の動的からくりに対する一つのイメージを描かせてくれる点で、非常に興味深いものです。時間記憶のからくりとしては、これまでにない新しい見方を提供しています。

一般に、モデルというものの役割はさまざまですが、このように新しい見方を提供することもあります。すでにあるモデルの改良をして精度をあげ、より定量的に現実を表現するようにすることも、一つのモデルのあり方です。他方、定量性に欠けるとしても、定性的に新概念を問うこともまた、一つのモデルのあり方なのです。

位相同期モデル

一連振り子モデルにおける各振り子の揺れの大きさとは、現実の粘菌では何に相当

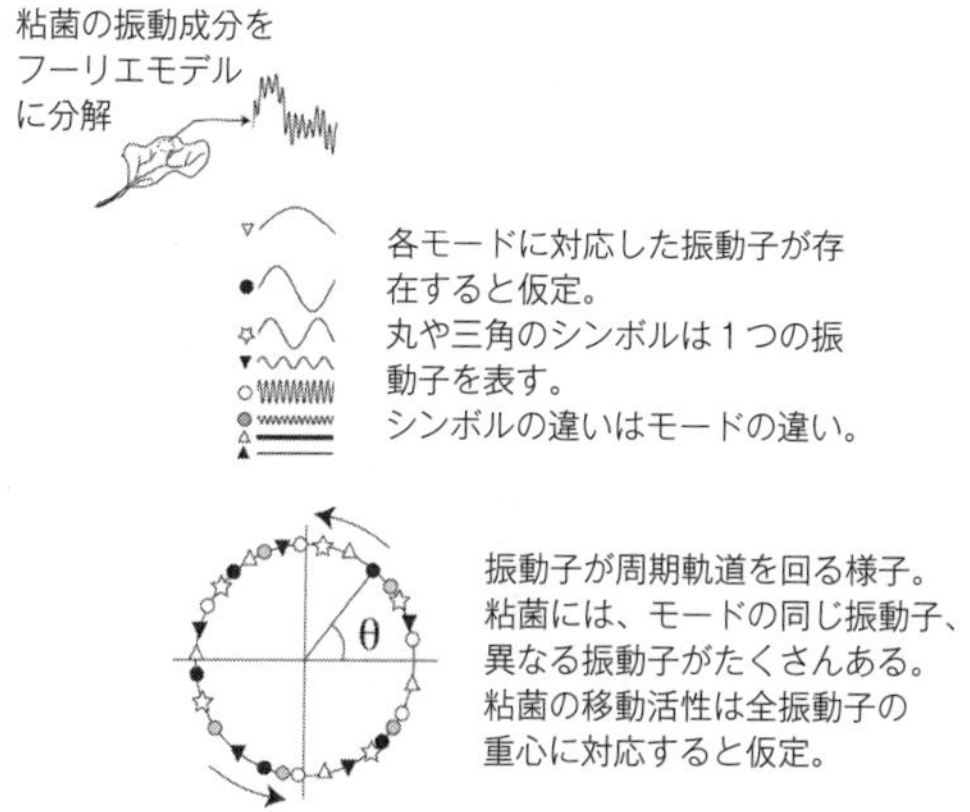
粘菌の振動成分を
フーリエモデル
に分解
各モードに対応した振動子が存
在すると仮定。
丸や三角のシンボルは１つの振
動子を表す。
シンボルの違いはモードの違い。
θ
振動子が周期軌道を回る様子。
粘菌には、モードの同じ振動子、
異なる振動子がたくさんある。
粘菌の移動活性は全振動子の
重心に対応すると仮定。

図 6-4　位相同期モデルの説明

するのでしょうか？　この点が、おそらく最も現実とのつながりが曖昧で、モデルの弱点なのでしょう。

　一連振り子モデルのイメージを土台にして、モデルの改良を試みます（図6―4）。粘菌は原形質の巨大な塊です。その一部を切り出してもちゃんと再生して、活発に移動します。その運動性を見ると、多重周期性が認められます。

　フーリエモードは、速いものから遅いものまで万遍なく存在します。各モードを一つの振り子と見なしたわけですが、ここでは振幅一定の振り子と見ます。この仮定は、ここでは最も重要なものなので、憶えておいてください。

化学反応が実体ならば、ある濃度の範囲で、上昇したり下降したり、振動すること
に対応します。化学反応が振動を引き起こすことを不思議に思われるかもしれません
が、細胞内のさまざまな化学物質濃度は実際振動しています。その仕組みも比較的よ
くわかっています。このようないわば化学振り子とでも呼ぶべきものを、振動する基
本単位という意味で「振動子」と呼ぶことにします。原形質の小塊に一連の振動子が
あり、粘菌全体では一連のセットが多数存在することになります。同じモードの振動
子のコピーがたくさんあるわけです。

同じモードの化学的実体は同じですが、場所が離れていれば必ずしも歩調をそろえ
て増減しているとは限りません。多少のズレは想定されます。そこで、粘菌全体の平
均値を考えます。

どこの振動子もてんでバラバラなとき、増減に関してはランダムで、差し引きゼロ
になります。徐々に歩調がそろってくると、平均値はゼロではなくある有限の値で増
減します。その振れ幅は完全に歩調がそろったときに最大になります。このような各
モードの平均振幅は、一連振り子モデルにおける各モードの振幅に対応します。一つ
の五円玉振り子の振幅の大きさが、たくさんの振り子の歩調のそろい具合に置き換え
られたわけです。

この点が新モデルの核心です。このアイデアは、振動子ダイナミクスや非線形動力学のパイオニアである蔵本由紀氏（京都大学名誉教授）のコメントによりもたらされました。余談になりますが、蔵本氏の足跡は、その後に続く非線形科学を志す者（かくいう私もその一人）を大いに励ますものです。彼の著作『非線形科学』（集英社新書）は、彼の開拓者精神と自然に対する豊かな感受性を感じさせてくれる名著です。多くの人に読んでもらいたい一冊です。

この節で提案したモデルを、この本では「位相同期モデル」と呼ぶことにします。蔵本氏は、非線形振動子の「位相モデル」の理論で世界的に高名ですが、それはここでお話しした「位相同期モデル」とは別物であることを断っておきます。まったく無縁ではありませんが、違うものです。

位相同期モデルのからくり

一連振り子モデルでは、粘菌の移動性は、オーダーパラメータで決められました。位相同期モデルでも、同様のオーダーパラメータを考えることにします。

ここでのオーダーパラメータは、各モードの平均振幅を、さらに全モードにわたって平均化したものとします。モード内で平均操作をした後、モード間でもう一度平均操作をするので、二回の平均操作があります。この二回目の平均操作の際、単純な加算平均以上のことをしますが、詳細には立ち入らないことにします。おおよそ、平均値をとるという理解で構いません。

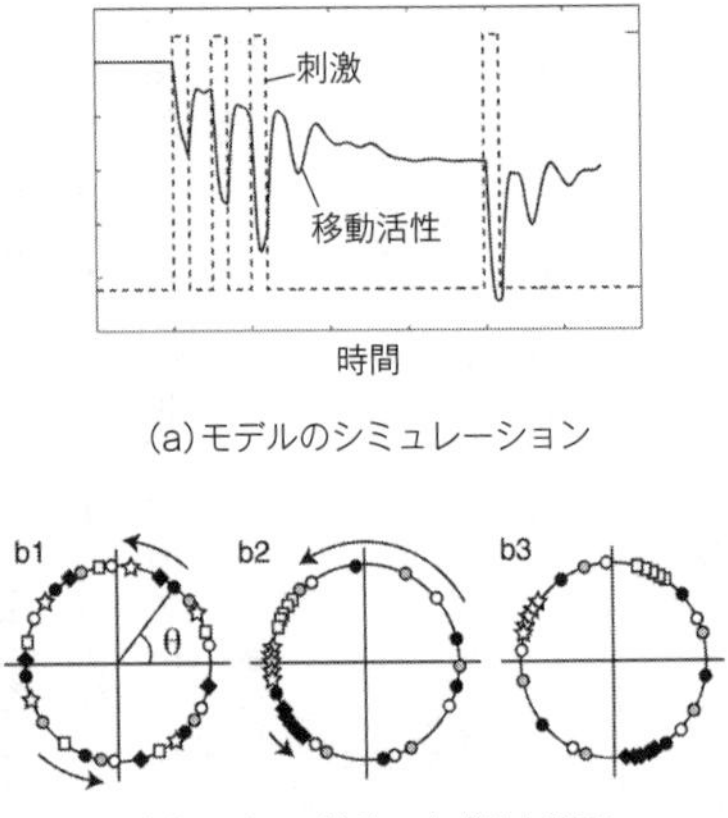

(a)モデルのシミュレーション

(b)モデルの挙動の直感的な説明

図6-5　位相同期モデルの振る舞い

　モデルの振る舞いは、図6―5に示したとおりです。予測と想起が再現されています。モデルの振る舞いを直感的に理解してみましょう。下段はその様子を示します。たくさんの振動子が、円周上を反時計回りに周回しています。丸印や三角印などのシンボルの違いは、フーリエモードの違いを表します。速く回るもの、ゆっくり回るものが混在しています。どの振動子も一定の速度で周回するが、その速度はまちまちです。同じシンボルは、同じ速さで周回するため、お互いの離れ具合は変わりません。振動子間には一切相互作用がないものとしており、どの振動子も自身の速度で勝手に周回します。オーダーパラメータは、全振動子の重心の位置になります。はじめに、振動子が円周上にランダムにばらまかれていれば、重心は原点です。

この状態に、刺激を三回与えます。刺激は、振動子の周回速度を変えるように作用します。円周の上半分にあるときは加速し、下半分にあるときは逆に減速します。刺激が与えられている間中、振動子は加減速され続け、刺激がなくなるとまた元の速度で周回します。したがって、刺激は、振動子を左側に集めるように作用します。振動子一つ一つを見れば、刺激により左側に押しつけられるような力が働きます。このような刺激の作用は、瞬間瞬間の刺激がそれほど大きくなければごく一般的に起きうるものであることが、「非線形振動子の位相縮約理論（位相モデル）」から知られています。ここではその詳細には立ち入らず、そうするものとして話を進めます。

刺激の振動数と振動子の周回振動数が近いと、三回の刺激はいずれも振動子を左側に寄せ集めるように作用します。両者の振動数が大きく異なると、振動子は一回目の刺激で左側に多少寄せ集められ、二回目以降の刺激では逆にばらけることもありえます。このあたりの様子は、一連振り子モデルで見たブランコの周期的後押しの場合と同様です。かくして、刺激振動数と同様の振動数を持つ振動子が凝集して塊をなします。この凝集塊をクラスターと呼ぶことにします。オーダーパラメータは、クラスターに引きずられてゼロではなくなります。クラスターの寄与で振動するでしょう。これが、三回の刺激を受けた直後の状態です。

刺激がなくなると、振動子は各々の周回振動数で周回します。クラスターを細かく見ると、その中には周回振動数のわずかに異なるクラスターがいくつもできています。いくつもの周回振動数のクラスターからなる集団で、いわばスーパークラスターです。今後、混乱を避けるために、単にクラスターといえば、周回振動数ごとのクラスターを指すものとします。

さて、スーパークラスターは、刺激を除去した後すぐには壊れませんが、時間とともに少しずつばらけていきます。なぜなら、各クラスターの周回振動数がわずかに異なるからです。スーパークラスターがばらけて円周上に万遍なく広がる（スーパークラスターの崩壊）と、オーダーパラメータは原点に戻ります。これが、二、三回の予測をした後に、予測をしなくなる状態に対応します。ただし、スーパークラスターは崩壊したものの、各クラスターは依然として存在していることに注意しましょう。刺激振動数の記憶は、表からは（オーダーパラメータとしては）見えないクラスターの存在に残されています。

次にもう一度だけ刺激をすると、クラスターがスーパークラスターをつくることがあります。これが想起に対応します。各クラスターは、ほかに力が働かなければ永久に壊れません。しかしながら、現実の粘菌では、化学反応は揺らいでいると考えられます。細胞外からのちょっとした影響や、細胞内の拡散などで常にノイズが生じると思われます。したがって、一定の弱いランダムな力（振動子を加減速させる力）が作用し続けるものとします。非常にゆっくりではありますが、各クラスターは、ランダムノイズにより徐々にばらけていくこととなります。

この位相同期モデルには、二つの特徴的な時間があります。一つは、周回振動数の差によってスーパークラスターが崩壊するのに要する時間。もう一つは、揺らぎにより各クラスターが崩壊するのに要する時間。今の場合、前者の時間のほうがより短いため、記憶現象が再現できました。

以上が、位相同期モデルの概要です。位相同期モデルは一連振り子モデルより、もう少し具体化しています。モデルのコアとなるダイナミクスを、なるべくわかりやすく述べたつもりですが、かえってくどくなってわかりにくくなってしまったかもしれません。いかがでしょうか？

「エジプトはナイルの賜物である」

粘菌の時間記憶の現象を見ていると、私は古代エジプト文明の史実を思い出します。ヘロドトスという歴史家が、「エジプトはナイルの賜物である」と象徴的に書きました。ナイル川が氾濫する時期をきちんと予測するために暦（カレンダー）をつくりえたことが、文明化の引き金を引いたのだと、歴史の教科書は述べています。ナイル川は毎年、ある時期に氾濫したそうです。すると、上流の肥沃な土があたり一面に運び込まれ、豊かな作物の捻りがかなうといいます。氾濫直後、早々農作業に取りかかれるならば、収穫も高まろうというもの。その準備のためにも、あと何日で氾濫するのかというタイミングをなるべく正確に予測する必要がありました。天体運動から一年のサイクルを測り、見事に暦をつくりあげました。ナイル川が周期的に氾濫することを経験し、次の氾濫がいつかを予測するようになったわけです。これは、粘菌の時間記憶とある意味では同様のことではないでしょうか？

古代エジプト人の必死の苦労と、その横の地中でひっそりと、しかしやはり必死に生きていたであろう粘菌とを同時に思い浮かべるとき、なんとも愉快な気分になるのは、私だけでしょうか。

第7章

迷い、選択、個性

人間の行動について思い返してみると、いくつかの行動の選択肢の中から一つを選びとるようなとき、多分に知的であるとか、心理的であると感じる傾向があります。ここでは、粘菌にもそのような行動の選択が見られるかどうかについてお話ししたいと思います。

粘菌の逡巡行動を示す実験

簡単な実験で、おもしろい結果が得られています（図7―1）。

まず、細長いレーンを用意して、その片端に粘菌を移植します。粘菌は、反対側の端に向かって伸びていきます（図7―1上）。これまでの章で述べてきたとおりです。

今回は、レーンの途中にキニーネという化学物質を置いておきます（図7―1の下3つ）。粘菌は、キニーネを嫌って避けるように振る舞います。濃度が高いときは、とにかく逃げます。ところが、濃度が低くなってくるとあまり逃げなくなります。十分薄くなると、粘菌の持つ感度を下まわって、もはや逃げなくなります。六ミリモルという濃度は、少しだけ忌避的です。

そこでレーンの途中に、六ミリモルのキニーネを置いておきます。レーンを進んできた粘菌は、キニーネのところにやってきます。すると、移動を止め、そこに留まります。いわば、立ち止まります。そのままで、数時間に及びます。ところが、あるとき突然、移動を再開します。そのとき現れる行動には三つのタイプがあります。

一つ目は、キニーネ帯を乗り越えて、前進していくもの。これを「通過型」と呼びます。二つ目は、キニーネ帯から引き返すもの。これは「引き返し型」。三つ目は、前述二型の中間的なもので、体の一部が通過し、残りの一部が引き返すもの。このとき、二つの進行端を持ちますが、粘菌は一匹としてつながっています。これを「分裂型」と呼びます。

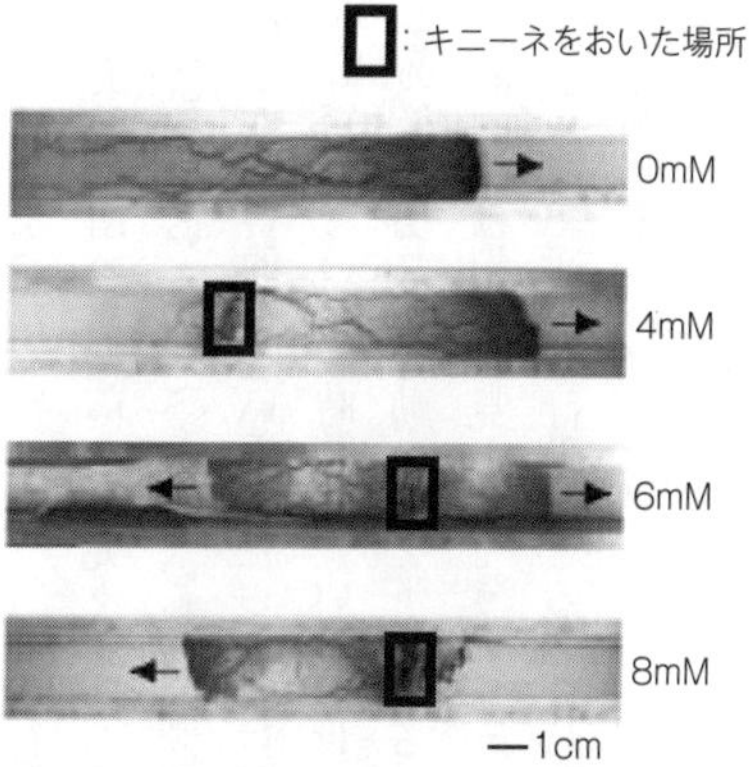

図 7-1 「迷い」実験の様子。右側の数字はキニーネの濃度

通過型と引き返し型の場合、移動速度は立ち止まる前と同じです。分裂型の場合は、二つの進行端は同じ速度で、その速度は元の約半分です。どの型でも、長らくじっと立ち止まった後に、突然活発に移動し始めます。この静と動のコントラストは、非常に印象的です。この現象で、私たちが最も注目するのは、まったく質の違う三型の行動が、同じ実験条件の下で見られることです。

実験に用いた粘菌は、元々一匹の大きな個体（30 × 30cm^2）を小さく切り分けて（0.5 × 0.5cm^2）いるので、ほんの数時間前までは、一つの個体だったわけです。それがこのような質的な違いをもたらすとは、驚きです。立ち止まっている時間もまちまちです。短いものは数時間、長いものは一日ほどです。立ち止まっている時間の長さから、その後に現れる行動の型を予想することは、少なくとも個体のレベルでは困難です。統計的には相関が見られそうですが、そのあたりの詳細はまだわかっておりません。たとえば、通過型行動をとる個体は長時間立ち止まることもありえるし、短時間のこともありえるわけです。

このような行動の違いを生み出す原因は何でしょうか？

第一に考えられるのは、実験状況のちょっとした違いです。同じレーン、同じキニーネ帯を用意したつもりですが、厳密な意味でまったく同じということはありえません。寒天やキニーネの濃度には有効数字以下のばらつきがあります。たとえば、キニーネの六ミリモルとは、五ミリモルや七ミリモルではありませんが、六・〇一ミリモルか六・〇二ミリモルかの区別はありません。温度や湿度も場所によって多少の違いはあるでしょう。はじめにレーンに置く粘菌の量も、ほぼ同じとはいえ、多少の誤差はあります。粘菌を切り出す外科手術の手技も毎回多少なりとも異なります。粘菌の内部状態、つまり粘菌の体内構造や化学物質の濃度や空間分布などは、個体ごとに多少の違いが見られます。ある範囲の誤差は、原理的にぬぐい去ることはできません。もし、このようなほんの小さな違いが、最終的に異質な行動を生み出すなら、それはむしろ非常に興味深いことです。

もしかしたら、実験者が気づいていない、何かまったく別の要因が効いているかもしれません。粘菌はある種の匂いには敏感ですから、着ている服の匂い、整髪料や香水の匂い、もしかしたら直前に食べたものが臭う呼気が、影響しないとも限りません。同じ実験条件で、質的な違いが生じるときには、とことん注意深く検証せねばなりません。それでもなお、同じ日に同じように用意した実験で、再三にわたり三型の行動が見られたので、現段階で私たちは「ほぼ同じ条件で三型の行動が出る」と主張しています。この実験は、北海道大学電子科学研究所の高木清二博士によるものです。

ハムレットの逡巡

ほぼ同じ条件で異質の行動が出るとなると、それはむしろ個体の「個性」と見るほうが自然だと思われます。個体の立場で考えると、どの型をとるかという選択の余地があります。選択の前にしばらく立ち止まるのは、行動がフリーズしているかのようです。選択するのに時間を要します。ただし、いったん選択肢が決まると、フリーズが嘘のように活発に行動します。このような行動の特徴、どこかで聞いたことはありませんか？

人間が厄介な問題に直面したときに陥る「迷い」のようではありませんか。行動の選択肢は複数あり、どうすべきか決めかねて逡巡すると、うじうじとしてしまいます。悩み迷うことは、時間を要します。しかしながら、いったん決断できると、とりあえずしばらくは、その線で活発に行動します。

よく知られた例は、シェイクスピアの『ハムレット』ではないでしょうか？　国民の信頼を集める王子ハムレットは、自分の父たる前王を亡き者にしたのが、自らの叔父でもある現王ではないかと疑念を抱きます。自らの母は、すでに現王の妃に迎えられ、国は安泰です。父の敵《かたき》を討つべきか、このままそっとしておくべきか、悩みます。そこで、有名な台詞「To be or not to be, that is the question.」（生きるべきか死すべきか、それが問題だ）を、だれへというわけでもなく、決めかねる心のうちとして吐露します。迷っているとき、ハムレットの胸中は、穏やかならず、フィアンセに八つ当たりなどしますが、概してふさぎ込んでいます。しかし、いったん父の敵をとると決めてからは、てきぱきと事の成就に向けて邁進します。外に現れる行動としては、静と動のコントラストが際立っています。粘菌の行動も、ハムレットの迷いと対比できます。「To go or not to go, that is the question.」というわけです。

余談ですが、私はハムレットの物語を本で読んだことはなく、古い白黒映画で観ました。英国きってのシェイクスピア俳優といわれていたローレンス・オリビエが監督兼主演の映画です。一九四八年の作です。舞台俳優だったためか、それとも古い映画だったためか、映画らしくないいささか大げさな演技に違和感を覚えましたが、そんなことも含めてしっかりと記憶に残っています。ローレンス・オリビエについては、後年、一九七九年につくられた映画『リトルロマンス』で、年老いた彼の演技がすこぶる印象的でした。老いた元スリの役が、なんとも渋く人間味あふれるものでした。初々しいダイアン・レインの演じるお金持ちの娘さんと競馬好きの下町風フランス人少年の間で芽生える恋の展開に絡んで、ローレンス・オリビエが深い味わいを添えていました。ただ、彼の立ち居振る舞いは、ちょっとした仕草にもかかわらず圧倒的な存在感で、惨めさやふがいなさをうまく演じていても、かえって惨めさやふがいなさが堂々としているように感じられました。

話を粘菌に戻しましょう。単細胞の行動など、まったく機械的で選択の自由度などというものはなく、一つの刺激に対して一つの応答しかしないものだと思いがちです。しかし、そうでもありません。迷ったり、選択したりすることが生きることの本質的な活動であるならば、その芽生えは単細胞にもあって然るべきだと思います。

逡巡行動のからくり

キニーネの実験でみた粘菌の逡巡行動をもたらす仕組み、ダイナミクスとしての仕組みを考えてみましょう。迷いや選択、個性につながる性質の仕組みですから、おもしろそうです。

私たちは一つのからくりを提案しています。このモデルは、第一バージョンです。今後、バージョンアップして、より確からしいものへと改良する予定です。その意味では、未完です。未完なものをあえて紹介しようと考えたのは、根底にあるダイナミクスのエッセンスはすでにある程度捉えていると思っているからです。このモデルの研究は、上田肇一博士（富山大学教授）、西浦廉政博士（北海道大学名誉教授）を中心に、高木清二博士（公立はこだて未来大学准教授）らと行ったものです。

はじめに、モデルの具体的な説明をします。少しややこしい話になるかもしれません。覚悟してください。モデルの説明の後、モデルの直感的なイメージをなるべくわかりやすく述べます。このイメージは、なんだそんなことか、と感じるようなものかもしれません。それほど単純です。しかし、その単純さはむしろ美しいと私は思っています。その美しさ（はなはだ個人的に感じているだけの美しさかもしれませんが）をお伝えするには、少々ややこしいモデルの話が必要です。どんなゲーム（囲碁、将棋、野球、ラグビーなど）もルールを知らないと、名勝負のすごさが感じられません。

粘菌がどちらの方向に動いていくかを決めているのは何でしょう？　粘菌が伸展しているとき、ほんの二、三ミリの先端部だけを残して、その後方に連なる体を取り除いてみます。すると、先端は収縮リズムを刻まなくなりますが、そのままの速度で前方に進んでいきます。この前進は一〇～二〇分ぐらいしか続きません。その後は、またリズムを刻み始め、改めて体制をつくり直します。この現象は、粘菌の体の大きさや先端部の切り取り方など、いくつかの条件が整わないと見られないのですが、少なくとも起こりうる事実であることは確かです。先端部には前進する能力があるのです。このような先端部の能力をつくり出すのに、後方部の助けはいりません。ただし、長時間にわたって移動するには後方の助けが必要になってきます。

先端部の先端らしさとは何か。先端部は、伸展するために必要な仮足をつくり出します。ゲル状の体をゾル状にして、前へ伸び出して前進します。ゾルとは流れやすい

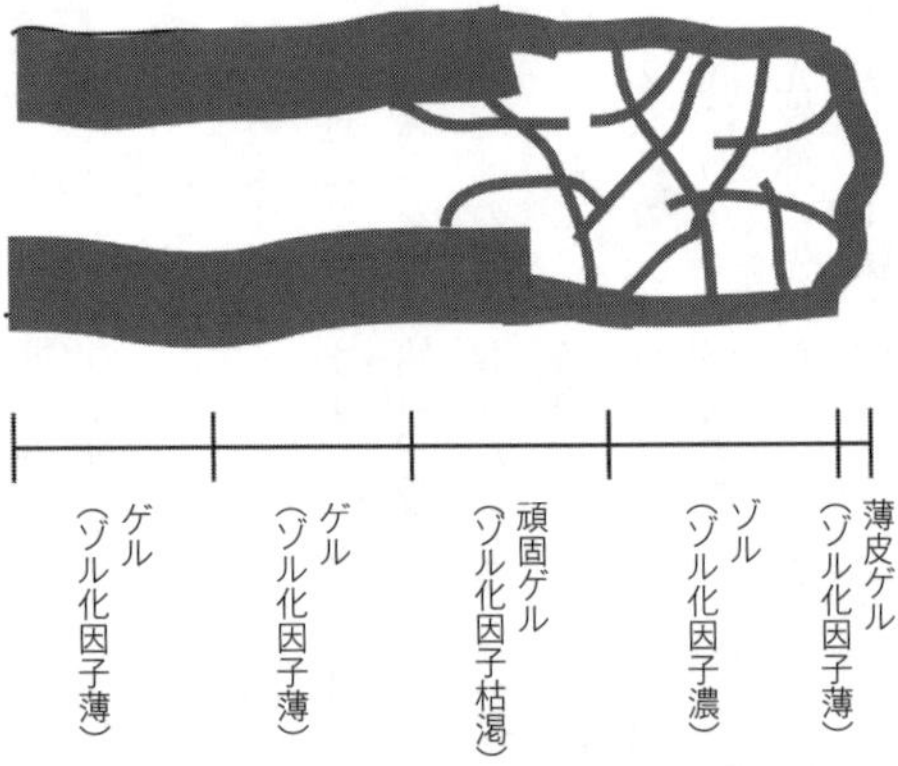

図 7-2　粘菌先端部、上下方向の模式図。右端が先端でスポンジ状。後方（左側）は中空。ゲルの皮は先端で薄く、後方で厚い。先端部の網目状の線は、アクチンやミオシンからなる繊維の束を表す

コロイド状の溶液のことで、それが固まってゼリー状になるとゲルと呼びます。このような運動を引き起こすのが先端部の役割です。前進する力は、いくつか提案されています。一つは浸透圧力、もう一つは分子が重合することによる押す力です。

　粘菌の体内にはゾル状の原形質が流れています。ゾルがこぼれ出さないのは、体の外側がゲル状になっているからです。ゲル質でできた袋の中に、ゾルが満たされています。大雑把にいうと、粘菌の体はこのような二層構造になっています。ゾルとゲルの化学成分はほとんど同じだといわれています。実際、ゾルはゲルに、ゲルはゾルに変換し合っています。ゾルとゲルの違いをもたらしているのは、アクチンやミオシンというタンパク質です。人の筋肉をつくっているタンパク質と同様のタンパク質です。粘菌の収縮リズムは、このアクチンとミオシンの働きにより引き起こされます。

これらのタンパク質は、縄が撚《よ》られて伸びていくかのごとく重合して、細長く伸びていきます（図7―2）。この縄は、束になって太くなったり、互いに架橋し合って編み目状につながったりします。そうして巨大に組み上がると、かさばるので、流れにくくなります。これがゲルです。組み上がった巨大な構造は、ゾル化因子と呼ばれる分子群の働きにより、細かく切断されます。すると流れやすくなります。これがゾルです。ゾル化因子の活性が上がると、ゾルのほうに傾き、逆に活性が下がるとゲルのほうに傾きます。先端部は、分子構造がそれほど巨大に組み上がっておらず、ゾルに傾いていると思われます。

先端部の雪だるま式発展

アクチン、ミオシン分子のつくる分子構造に、先端部の特徴があります。ほかにもまだ、先端を特徴づけるものはありますが、ここではこの点に注目します。まとめると、先端らしさとは、アクチン、ミオシンのゾル的な構造と、それをもたらしているゾル化因子の高活性です。ゾル化因子の一つとして、カルシウムイオンがあげられます。カルシウムは、収縮運動を阻害するほか、アクトミオシンを断片化するフラグミン（fragment をつくるので fragmin）というタンパク質を活性化します。ゾル状態では、アクトミオシンは断片化しているため浸透圧が高くなります。すると、周りから水分が流入してきて、膨張します。膨張が引き金となって、カルシウムが流入します。すると、ゾル化がさらに進んで浸透圧が上がり、さらに膨張して……と雪だるま式にゾル化と膨張が進みます。このようなゾル化と膨張の雪だるま式発展は、十分に検証されていないので、現段階では仮説の一つです。

雪だるま式発展は、際限なく続くわけではありません。ある程度進むと頭打ちになります。無限に膨張しないような別の機構が働くからです。その後、ゲル化に転じます。

このことは、次のような観察からわかります。粘菌に傷をつけると、内部のゾルが吹き出てきて、ほどなくゲル化して固まります。いったんゲル化するとしばらくゾルには戻らず、その後の状況に応じてゾルになったりゲルのままだったりします。これは、観察事実です。ゾル、頑固なゲル（ゾルに戻りにくいゲル）、ゲルという時間経過をたどります。

粘菌は、浸透圧力で先端部のゾルを前方へ押し出し、いわばゆっくりとゾルを吹き出しています。前方へ吹き出されたゾルはやがてゲル化します。粘菌の先端部は、常に前方へ前方へと新たにつくられていくものです。ですから、あるときの先端部は、次の時間には先端部ではなくなります。粘菌の伸展とは、たとえば道路建設のように、常に先へ先へとつくり足していくようなものであって、すでにできている道路がベルトコンベヤーのように動いて伸びていくわけではありません。これは、粘菌の伸展の著しい特徴です。

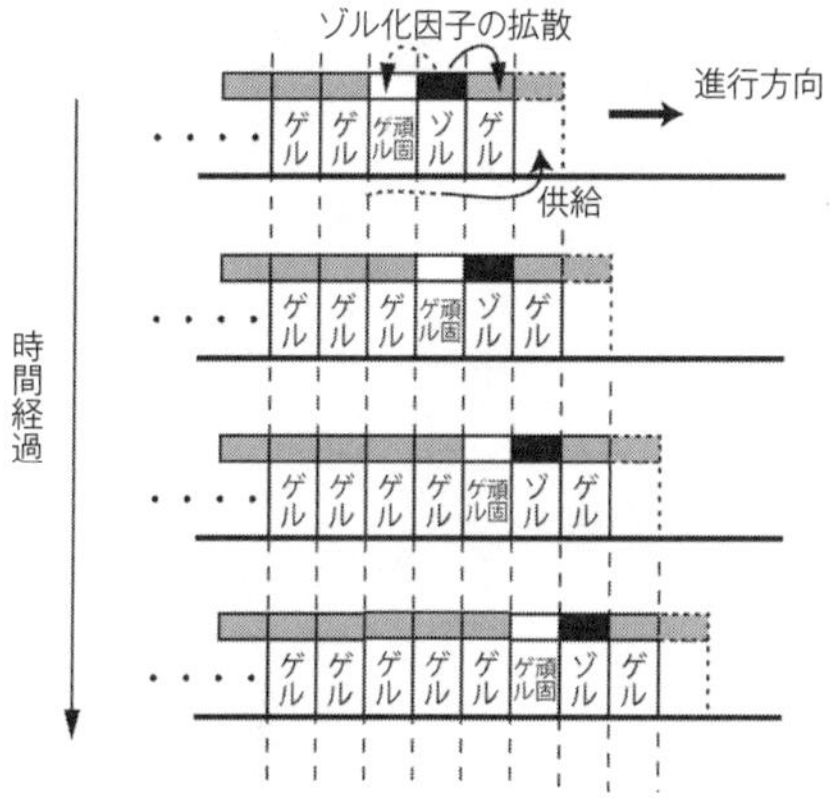

図 7-3　先端部形成の仮説。

図7―3は先端部の模式図です。右側に伸展しているものとします。先端部から、ゲル、ゾル、頑固なゲル、ゲル、ゲル……と続きます。吹き出したゾルがたどる時間経過の順に前から後ろへ並んでいます。いちばん先端にはゲルがありますが、これは蓋のような意味合いのゲルの薄皮です。この薄皮ゲルは、後方からの輸送によって常に供給され続けるもの

と仮定します。

ゾル相には、高活性のゾル化因子があり、それが両隣に漏れていきます。右隣では、これが引き金となって雪だるま式反応が進み、ゲルの薄皮がゾル化します。一方、左隣では、頑固なゲルのため、ゾル化は起きません。頑固なゲルはやがて、普通のゲルに戻ります。そのころには、先端部に新しい薄皮ゲルが供給されています。このようなプロセスを次々に繰り返して、右側に徐々に伸びていきます。

これが粘菌の伸展モデルです。イメージできたでしょうか?

マッチ棒の延焼モデル

物理的な実体はまったく違いますが、同様のダイナミクスを見せる身近な品としてマッチがあります。

マッチ棒は、こすることで発火します。こすることで生じる摩擦熱が、マッチ棒の先についたリンの一部に発熱反応を起こします。その熱がさらに周りのリンの発熱反応を誘起します。連鎖反応が雪だるま式に大きくなって、マッチ棒はあっという間に燃え盛ります。

これが、粘菌のゾル状態に相当します。ほどなくしてマッチは燃え尽き、炎は消失します。マッチ棒は一度消えたら、二度と発火しませんが、粘菌との対比でいえば、しばらくすると新しいマッチ棒になります。新しいマッチ棒に置き換わるまでの消えたマッチ棒が、粘菌でいう頑固なゲルです。新しいマッチ棒は普通のゲル。このマッチ棒が、図7―4のように一次元に並んだものが、粘菌のモデルです。

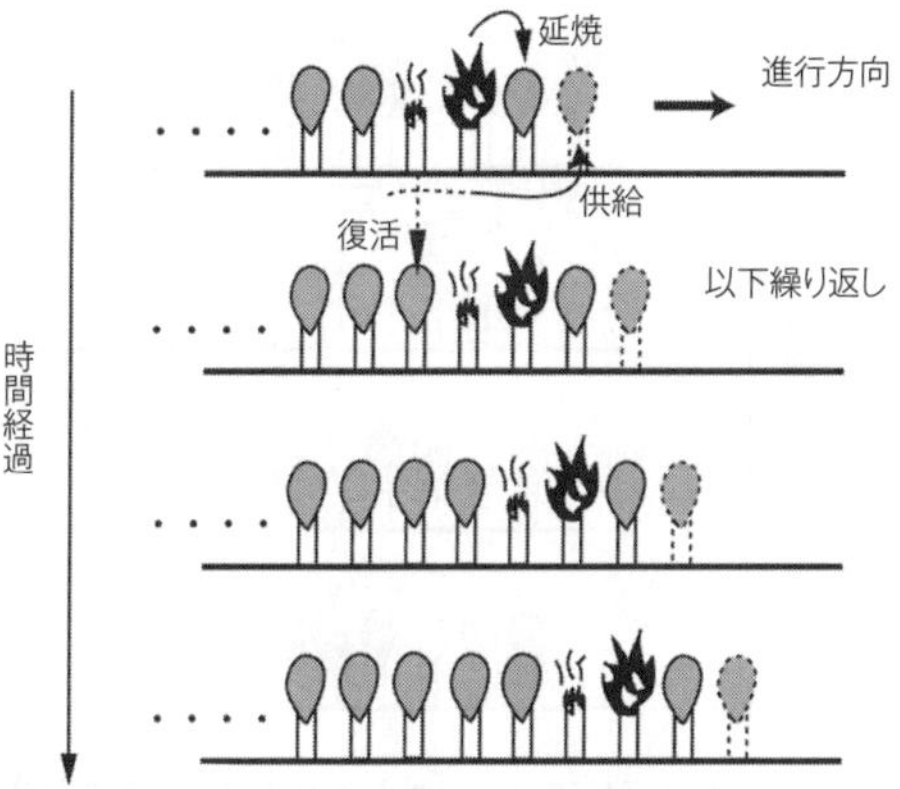

図 7-4　マッチ棒の延焼モデル。複数並んだマッチ棒が延焼しながら右方向に一定速度で進む様子。

燃えているマッチ棒の右隣は延焼しますが、左隣は燃え尽きたマッチ棒なのでそのままです。右端には新しいマッチがどんどん供給され、延焼は右へと伸びていきます。これが、ダイナミクスとしてみた粘菌の伸展のからくりです。こちらのほうが、身近な分だけしっくりとくるのではないでしょうか。今後、このマッチ棒のアナロジーを用いることにします。

実験では、ある場所にキニーネを置

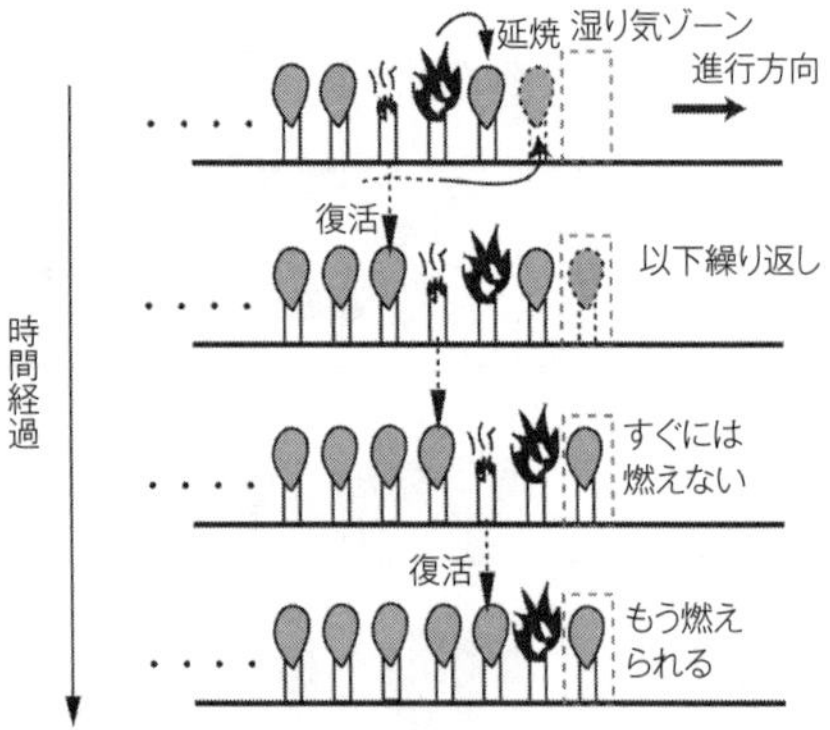

図 7-5　湿り気ゾーンがあるとそこのマッチは燃えにくくなる。湿り気ゾーンは、粘菌実験のキニーネ帯に対応する。

きました。キニーネの効果は、マッチ棒モデルでは、マッチがいくぶん湿っていて発火しにくいこととして、表現されます（図7―5）。このようなモデルで、粘菌の三つの行動がちゃんと再現できます。湿ったマッチ棒にぶつかると、延焼はしばらく停止します。燃えているマッチの炎が、湿ったマッチ棒を照らし、そして乾かしていきます。そのとき、燃えているマッチ棒も湿り気の影響を受けて、燃え方がいくぶん鈍ります。鈍る分、長い時間燃焼します。

そうこうしているうちに、湿ったマッチは十分乾き、発火できる状態になり、他方、燃えているマッチの後方のマッチが再生して、延焼の可能性が前後両方向に広がります。このような状態になることがミソです。

マッチの湿り具合をほんの少しだけ変えると、それに応じて三種の行動、すなわち前方への延焼、後方への延焼、両方向への延焼が見られます。

湿り具合を変えるのなら、異なる行動が出ても不思議ではないと思われるかもしれませんが、じつは本当にほんの少しの違いなのです。およそ〇・〇〇一%ほどです。これほどの小ささは、日常世界では常にあるものとして容認してよいでしょう。注目すべきことは、これほどの僅差が異質な行動に結びつくことです。停止時間は、やはりほんの少しの違いで、長くなったり短くなったりします。

迷いとパチンコ

三つの行動がどのように現れるのか見てみましょう。まず、初期状態で延焼が右方向にだけ進んでいくのはどうしてか。それは、発火しているマッチの左隣に燃え尽きたマッチがあるからでした。これが、延焼を抑えています。この理屈を思い出しておきましょう。

湿ったマッチのところで延焼が一時停止するのは、湿ったマッチがなかなか発火しないからです。ところが、しばらくすると湿り気が抜けてきて発火することができるでしょう。また、延焼が停止している間に、左隣のマッチが新しいものに置き換われ

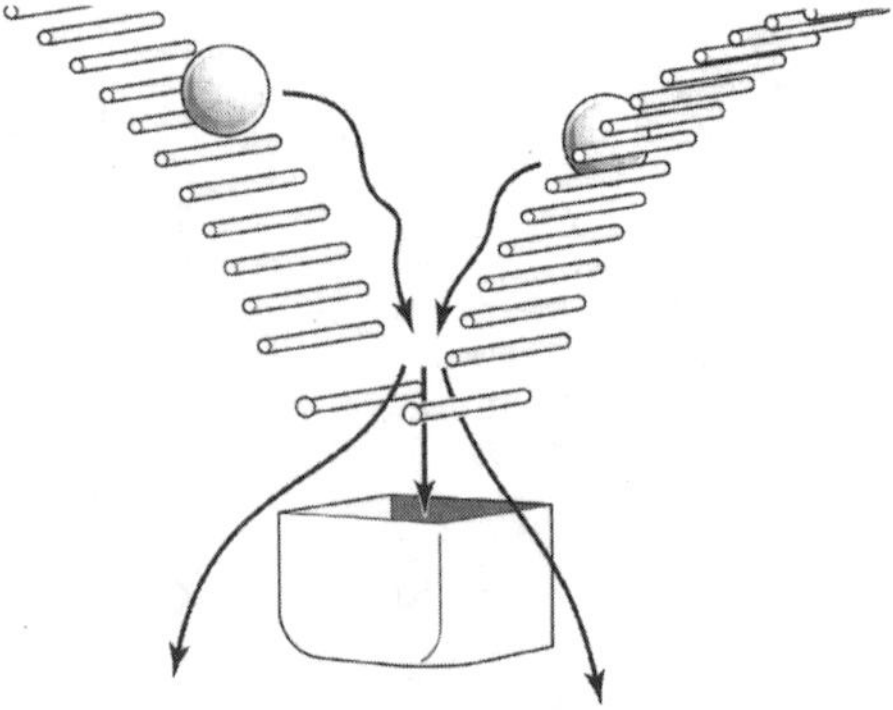

図 7-6　パチンコ玉のゆくえ

ば、左向きにも延焼できるでしょう。どちら向きの延焼も、同じ程度に起きやすい状況が考えられます。こうして、両方向の同等の可能性が持ち上がります。実際にどちらを選択するかは、わずかの差に依存することになります。

粘菌の迷い行動を最も端的に表す比喩の一つはパチンコです。図7—6はその模式図です。カップの上に二本の釘があります。そこに向かってパチンコ玉が集まるようになっています。左側から、真上から、右側からやってきたパチンコ玉は、一カ所に集められます。そこから、二本の釘にはじき出されて、左へ右へと、または見事カップの中へと落ちていきます。集まり来る方向はまちまちでも、一度同じところに集められ、そこで改めて次の落下軌道に振り分けられるのです。

今、左のほうからパチンコ玉をなるべく同じように打ち出すものとします。パチンコ玉は、同じように来たからといって、必ず決まった方向に落ちていくわけではありません。二本の釘による微妙なはね方の違いにより、左へ落ちるかもしれないし、右またはカップへと落ちるかもしれません。同じように打ち出されても、その後の落下方向は予測不能です。

はじめに打ち出した方角や勢いには、ほんのわずかなズレがあります。このズレは、粘菌では内部状態や実験条件の違いに相当します。落下軌道の振り分けは、粘菌の場合の行動の型に対応します。パチンコ台の全面には、このような玉の集配箇所がいくつもあって、パチンコ玉はその間を、ちょっとしたズレに翻弄されて思わぬ方向へと動いていきます。しかしながら、最後は皆同じいちばん下の穴へと消えていきます。パチンコ玉の運命です。ここまで書くと、パチンコ玉にも人生を見てしまいそうです。

第8章

粘菌の知性、ヒトの知性

生物と物理

最後に、粘菌の具体的な行動を通して見てきた「知的なるもの」ついて、少し概念的に考えてみたいと思います。

まず、生物の行動は物理現象であるとみなします。生物学では、この単なる物理現象をしばしば機能と呼んで、生理学的意義を論じます。機能とは、目的があってはじめて現れる概念であることを忘れてはなりません。ある目的に対して、それを実現するように物理現象が起これば、その物理現象は機能を持つといえます。生物の目的とは何か？　本来そのようなものはない、と私は考えています。ただし、生存・持続を目的とすると「みなす」ことはできます。生物は生存機械であると。

なぜか？　地球の歴史の中には、生存できなかった生物もあったでしょうが、何億年も経って生存できたものだけを今日見ているので、そこには生存できた理由（仕組み）が内在しています。生物を生存足らしめる物理的仕組みを調べることが、生物学の課題の一つです。これは、新しい問題ではなく、むしろ非常に古典的な問題です。

このような考えに立って生物体に見られる物理現象を調べるとき、生存する仕組みとして、その物理現象を評価することが必要となります。これは言い方を換えれば、生存を実現するためにその物理現象がいかに役立つかを調べることにほかなりません。

役立つという視点が、物理現象に機能という尺度を与えるのです。ただし、生物体ははじめから生存機械となるように設計されたわけではないので、その点を忘れてはなりません。

生物学では情報という言葉もよく出てきます。情報には、通信理論におけるシャノンの定義がありますが、生物学で重要なのは情報の「意味（生理的意義）」です。意味的情報の物差しは、生存目的に対していかに役立つかです。情報の「処理」が、生物体の判断につながります。その処理を、「数字などのシンボルを形式的に操作すること、もしくはその手順や規則」などといえるのかもしれませんが、手っ取り早く「計算」といっておきましょう。生存目的に適うような解（生物体の状態）を導くための手順（物理的な運動）が、生物の計算と呼ぶべきものだと思います。

意識と無意識

知性という言葉を使うときには注意が必要です。人には意識があります。自意識、すなわち「私」です。概して心という言葉の意味するところに相当します。つまり、「自分が今ここで赤い色を見ている」こととか「昨日自転車に乗って走った」こととかが自分自身でわかることだと思います。自分を見る自分がいるという点で再帰的です。自分と自分を取り巻く世界を頭の中でモデル化して、そのモデルを自分で見ている、といったほうがピンとくるかもしれません。

赤い色を見ている私のこの「感覚」は、しかしながら、どうしようもなく説明できないような気がします。この感覚の性質や起源がわかったとしても、私のこの感覚にはだれも立ち入ることはできないからです。あなたが見ている赤と私が見ている赤が同じ赤であるかどうかは誰にもわかりません。その意味で「世界」とは、私が「頭の中でつくった世界」であり、「私の自意識」と同義です。ですから、世界は決して外にはなく、その世界を見ているのは私のほかにはだれもいません。

次に、無意識と呼ばれる、意識に多大な影響を与えているものを考えてみます。自分のことを思い起こせばわかるように、ほとんどの情報処理は無意識で行われています。自転車に乗っているとき、どうやってバランスをとっているか、だれも答えられません。練習と称する活動の中で知らないうちに乗れるようになります。つまり、問題を解く計算手順が無意識に獲得されています。

それをあからさまに意識できるようにするのはたいてい難しいので、これをやればすばらしい科学論文になります。たとえば、「野球選手がいかに飛球の落下点にたどり着けるか」です。打ち上がった飛球を見上げる視線の角度、この角度が一定になるように前後に移動すれば、やがて落下点にたどり着きます。仮に、こちらに飛んできた打球を、地上から上方へ四〇度の視線で捉えたとします。飛球はどんどん近づいてきます。視線が三五度に下がるようなら、前方にダッシュします。逆に、視線が上がるようなら、バックします。そうやって四〇度を維持すればよろしい。打球を捕ることを想像しながら、自分で視線を上げ下げしてみると、この方法の自然さが納得できるでしょう。一つの方法として、このようにして打球を追うことが報告されています。打球を追うときに、だれも物理的な運動方程式を解いて弾道計算をしているわけではありません。

このような意識されない情報処理は、程度の差こそあれ、どの生物体にも存在すると思っています。そして、なおのこと不思議なのは、このような捕球の方法が、異なる人間のそれぞれ異なる練習過程（必ずしも同じでない練習メニュー）を経て、ついには同じ方法となって身につくことです。異なる練習過程を経て同じ方法にたどり着くということは、そうなるべくしてなるという何か共通する基本機能を共有しているように思われます。

その後の研究で、必ずしも人に限らず、自分と対象物の相互の位置関係が変わるような状況で、対象物を捕獲したりあるいは逃げたりするようなときには、同様の方法が行われているらしいことがわかりました。サッカー選手のヘディング、飛行するフリスビーを走って行って口で捕らえる犬の行動、ある昆虫が飛行する餌となる虫を空中で捕獲する行動など。ということは、ヒトに限らず、哺乳類、昆虫と生物種を超えた、共通の基本的行動アルゴリズムが存在するということなのではないでしょうか？

高度な言語能力のなせる技

意識、意図、高度な言語能力など、ヒトの知に不可欠な要素が何を可能にしているかを少し行動の観点から見てみたいと思います。意識は、自分自身を自分の外から見る目のようなものだとすでに述べました。その意味では「内なる目」と呼ばれたりもします。しかも、時間や空間をかなり自由自在に移動できます。行ったり来たり縦横無尽に何度も移動できます。もちろんそれができるのは、意識というバーチャルな世界での話です。そこで、自分と自分を取り巻く環境を想定して、それらがこの先どのようになっていくかをシミュレーションすることができます。そのシミュレーションにおいて、これまでの経験や知識、文献情報などが役立ちます。自分が今いる場所と時間を容易に飛び出して、バーチャル世界を構築できます。

そこでは、考えるべき要因や不確定な要因もたくさん関与しますので、自分自身がしばしば容易ならざる状況に置かれているという認識をします。そこで上手にやれれば、より大きい利益を得ることができるかもしれません。ここで利益とは、金銭的な富に限らず、見識や技能、個人的あるいは社会的な愛や信頼や、平和や安寧なども含まれるでしょう。自分を取り巻く環境をより広範囲に、そしてより遠い未来に向かって想定することで、より長期的かつより広い世界での目標を立てることができるし、それに向かう行動計画を立てることができます。

これに対して粘菌などの原生生物は、その行動を見る限り、今現在ここで起きていることに反応しているだけのように思われます。本当にそうなのかという明確な根拠はありませんが、高度な言語能力や意識のようなものがある様子もなく（種々化学物質を介した複雑な化学コミュニケーションがあったとしても、高度な言語能力に比べると大分劣るように思われるため）、仮にバーチャルなシミュレーション世界を持っていたとしても、ヒトのそれに比べるとほぼ「今現在ここ」とみなしうるようなものではないかと思います。

粘菌は刺激を受けると少し運動の様子を変えます。刺激はいろいろな種類のものがいろいろな方向からやってきますし、自分自身が移動することによってもつぎつぎに別の刺激に遭遇していきます。その刺激を受けるたびに、それに応じた反応を繰り返していきます。一つの刺激に対する応答はそれほど大きいものでは必ずしもありませんが、たくさんの刺激を受け続けてそれぞれの反応を蓄積していくことで、最終的には移動方向に大きな変化をもたらします。個々の刺激により生じる細胞運動の変化と、細胞全体の形の変化や移動方向の変化とは、案外大きなギャップがあり、個々の短期的反応を見ているだけでは、最終的な行動を予測するのは容易ではありません。

たとえば、粘菌のネットワークづくりについても、局部にある個々の管に対する流量強化則から、粘菌全体の流路ネットワークの形を想像することはできませんし、また流量強化関数の形を少し変えたり、粘菌の体の大きさを少し変えると、得られる流路ネットワークの形がどのように変わるかもわかりません。ですから、実際に計算機でシミュレーションをしたり、モデルの振る舞いを数理科学的に解析する必要があります。そうやって、個々の管の小さな反応と、粘菌全体のネットワーク形状とを結びつけています。

このことは裏を返すと、もし細胞が刺激応答の仕方を少し変えたとすると、細胞全体では予期せぬ行動を生み出しうることを意味します。実際に、細胞行動の実験をすると、同じように培養して調整した生物試料を同じ実験条件で試したとしても、統計的に見れば平均的にある傾向は認められる一方で、個体レベルでは無反応の個体や質的に異なる行動を見せる個体がしばしば見られます。このような細胞行動の可変性や多様性は、複雑環境での行動や学習行動、新規適応行動の獲得などにどのような意味をもっているのか、興味深い問題だと思います。

考えずに考える粘菌

粘菌の行動をいろいろ観察しておりますと、考えるという言葉の意味が、よくわからなくなってきます。人は、ややこしい状況におかれたとき、どうすればよいか考えます。行動の可能性をいくつか用意してみて、そのどれかを選び出します。そのとき人は、頭の中に自分のおかれた世界をおぼろげにつくりあげていて、その世界には過去や未来も含まれているし、「今ココ」ではない遠く離れた場所も含まれています。そのバーチャルな世界で自分の行動をいくつか描いてみて、そのどれかを選びます。以上のような過程が、「どんな行動をとるか考えること」そのものだと思われます。もっとも意識の程度は人それぞれで、もっと直感にしたがって行動するという人もいるでしょう。しかし、程度の差はあるとしても、素朴には、「考える」といったときにすることに違いないでしょう。その結果として、人はある行動を現実世界でとります。

粘菌の場合は、人の持つ豊かなバーチャル世界、すなわち「今ココ」を大きく離れた世界を持っていないと思われるので、バーチャル世界で意識的に複数の行動を描いてみてどれかを選ぶということは想定し難い。ただし、運動の仕組みとしてはちょっとした状態（自分自身や環境の状態）の違いで、真逆の行動さえ現れるようにできているので、現実世界ではその場そのときによって多様な行動が出てきます。その意味では、粘菌は決して人のようには考えてはいないにもかかわらず、結果だけ見ればあたかも考えたかのように見えることになります。

粘菌が、人のもつバーチャル世界に照応するものを持っているかどうか、についてはいまだオープンクエスチョンです。両者に「今ココ」を離れられる能力に程度の差があるとして、差の違いはあるが確かにあるということを強調する立場や、程度の差が大きいので、もはや別物と考える立場などがあります。一体、本質的にどう違うのか、あるいは違わないのか、この問いに答えるためには、さらなる比較検討を進めるほかありません。

ちなみに、人のバーチャル空間を張る時間や空間の座標は、物理学で考えるような順序よく整列した座標ではなくて、これまで経験したエピソードの系列が複雑に折り畳まれたような主観的で複雑な座標のようです。そこには、脳の情報処理特有の性質が表れているはずです。

人の行動をもたらす脳の情報処理の仕組みがさらにわかってくれば、原生生物の情報処理の研究も相補的に浮き彫りになってきます。たとえば、脳が行うエピソード記憶の生成・格納・読み出し・相互関連づけの仕組みがわかれば、それと同様のプロセスが細胞内の化学反応で実行可能かどうかを吟味するという研究テーマが自ずと出てくるでしょう。このような比較検討がもう少し進めば、「生命が知的であるとはどういうことか」という大きな問いを真に解き明かしていけるでしょう。このような観点から脳情報処理の研究を見ると、中部大学の津田一郎教授（北大名誉教授）による長年の脳研究は極めて示唆に富んでいます。

知は環境の鏡

たとえば粘菌の管ネットワークづくりの事例では、流量強化則という逐次改善ルールの話をしました。ネットワークをつくっているそれぞれの管が管自身の内部の流れに応じて管の太さを少しだけ未来に向かって変更し続けるというルールでした。そのとき、餌場所の位置が仮に移動しても、あるいは餌場所が消失したり付加されたりしても、逐次改善ルールをそれまでと同じように継続して対応することができます。また、部分的に光が照射されたり消えたりしても、その環境変化は逐次改善ルールにすでに盛り込まれているので、やはり同じルールを継続することができます。実験室できちんと評価した粘菌の複雑環境は、本書で述べた程度ですが、野外では格段に複雑な変動環境のはずですから、そこでもきっとよい性能を発揮しているのではないかと想像しています。

このようにして「今現在ここ」ベースの逐次改善ルールを繰り返し適用してつくりだされる、最終的な行動には、環境の複雑さが取り込まれています。これは、環境の複雑さを映し出すような行動づくりのプロセスです。粘菌の行動が知的に見えるのは、置かれた状況が（人が見ても）十分に複雑だと思えたときに（認知できたときに）限ります。粘菌の行動づくりが、局所的な逐次改善ルールによって行われているならば、粘菌自身にはおそらく、置かれた状況が困難だとか複雑だとかいう認知は働いていないと思われます。「今現在ここ」にだけ反応していればよいからです。その意味では、粘菌の知性とは、環境の複雑さがその行動に映し出されたが故に現れるといえます。別の言い方では、環境の複雑さを行動に映し出せるような逐次改善ルールを獲得しているからといえます。

話は飛びますが、ムカデロボットの自律分散制御を突き詰めていった大阪大学の大須賀公一先生は、「知性の源泉は環境にある」と象徴的かつ先導的に述べています。試みに、この考えを人に拡大すると、人が常に知的だと思えるのは、人はいつもバーチャルな意識世界でつくりあげた複雑な状況のなかでそれなりの行動を計画できているから、ということになります。

原生知能の行動力学方程式

これまでの章で、粘菌の巧みな行動を記述するモデル方程式を見てきました。そのモデル方程式は、細胞を構成する分子一つ一つの動きを記述したものではなく、もっと粗い解像度でみたもので、比較的少数の変数しか持ちませんでした。

またモデル方程式は、物理の運動方程式を基本にしてますが、そこに生物特有の性質も盛り込まれていました。たとえば、粘菌の管ネットワークづくりの話で言えば、管ネットワーク内の流れは流体運動の方程式で表せますが、流れに応じて管の太さが時時刻刻と変化する様子は別途書き足しておく必要があります。以上のことから、細胞行動のモデル方程式といっても純粋な運動方程式とは異なっているので、誤解のないように行動力学方程式と呼ぶことにします。

行動力学方程式は、短期的局所的な逐次改善ルールを表していますが、細胞のどの局所にも適用できるものです。ですから、細胞全体でこのルールを一斉に適用し続けると、細胞全体の動きが示されます。このようにして、短期的局所的な逐次改善ルールと長期的全体的な細胞行動との関連づけができます。この意味において、行動力学方程式なしには細胞行動の仕組み、特にアルゴリズム的な仕組みは読み解きようがありません。少なくとも、私はほかの手段を知りません。半分かそれ以上は、物理の運動方程式なので、細胞外の純粋に物理的な環境との相互作用も自然に記述できます。今現在ここにある細胞とそれを取り巻く環境を同時に考えることができます。

細胞の不思議——微細藻類にみる旋回遊泳と多細胞性

本書第1章ですべての生きものは細胞からできていて、あらゆる生命現象は細胞の活動に帰着すると書きました。粘菌のような単細胞の生物でも複雑な状況では十分に上手な行動をとることがわかりました。最後に細胞の不思議にもう一度立ち返ってこの本を締め括りたいと思います。

ここで注目したいのは、細胞が生み出す多細胞性です。ここでいう多細胞性とは、複数の細胞が相互作用しながら細胞の集団となって新しい機能性を生み出すことです。新しい機能性もさることながら、生物として不可欠の採餌行動能力を見ると、単一細胞でも、またそれらが集団となっても同様に採餌行動能力が発揮されます。

単一の細胞でできることが、細胞集団となっても同様にできることは、考えてみると不思議な気がします。なぜならば、多細胞になって体のつくりが変わっているわけですから、当然運動の仕方もなんらかの意味で変わっているはずです。それでもなお同じような機能性を発揮できるのですから、細胞には、もともと単一細胞がもっている機能性を、その仕組みを調節し直すことで、多細胞体制になっても実現できる能力があることになります。これは、とても不思議なことだと思いませんか？

具体的にクラミドモナスという単細胞の藻類の光走性についてみてみたいと思います。クラミドモナスは藻類ですので、葉緑体を持っていて光合成をします。そのため、光のほうに寄っていく性質があります。この性質を、光走性（ひかりそうせい）とか走光性（そうこうせい）といいます。クラミドモナスの光走性は、とてもよく調べられていて、水中を遊泳しながら、光のほうに寄っていきます。しかし、強すぎる光からは逃げます。細胞の中で光合成をするときにできる副産物で障害を受け

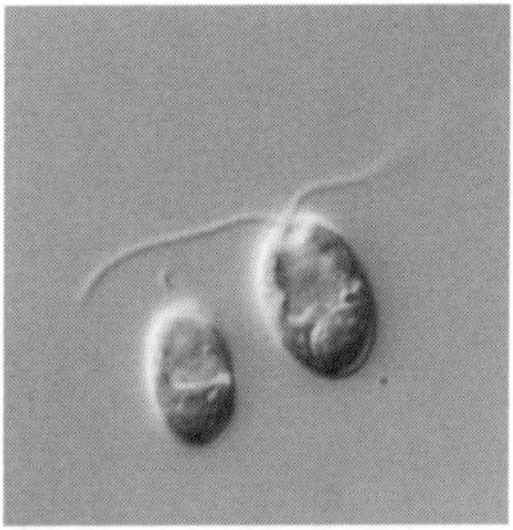

図 8-1　クラミドモナス
© 谷口篤史

るからです。こうして適度な光環境を見つけ出して集まることができます。

クラミドモナスはうりざね型で、先端に生えた二本の毛（鞭毛）を動かして泳ぎます。その動きは、まるで平泳ぎの手のようなのですが、体をひねる力も同時に生み出していて、旋回しながら前進します。ですから遊泳の軌跡をなぞると、螺旋軌道になります。旋回しながらも適度な光のほうへ行けるのはなぜでしょうか？

クラミドモナスは胴体中央部に眼点なるものを一つ持っていて、そこで光を感知します。どこかある方向から光が差し込んでいる場合、旋回すると眼点に差し込む光は増えたり減ったりしますが、眼点の向きと遊泳の向きが概ね直角ほどにずれているので、これでどうやって光の方向に進めるのだろうか、と疑問が湧いてきます。

眼点に光が差し込むと、少しだけ遅れて毛の動きが一瞬、変わります。このとき、体の向きも少しだけ変わります。旋回する度に眼点に光が入ったり入らなかったりしますので、この反応が何度も繰り返され、やがて小さな反応が蓄積されて大きく進行方向を変えていきます。

驚いたことに、この反応遅れの時間や毛の動き（平泳ぎの両手の動きのバランス）の少しの違いで、光に寄るか逃げるかが切り替わることが、行動力学方程式の解析からわかりました。同じ遊泳方法でもわずかの調節で、真逆の行動を生み出すことまでできるのです。そうやってよい光加減に集まることが最近の調べでわかってきました。

光を受けて生じる鞭毛の動かし方の調整が最終的にどのような行動をもたらすのかは、簡単にはわかりません。三次元空間を旋回しながら移動するので、直感的にイメージし難いのです。ですから行動力学方程式に基づいてきちんと調べる必要があります。細胞が光の刺激に対してどのように反応するかが未知だから光走性の仕組みがわからないのではなく、その反応の様子がよくわかったために細胞が光走性を制御するときの原理的な難しさが判明したのです。鞭毛打（べんもうだ：鞭毛の動かし方を鞭毛打といいます）の小さい反応を調節して、光走性を完全に制御するのはなかなか困難です。ということは、裏を返せば、ちょっとした調節の差で、多様な行動が自然と生み出されることになります。

多細胞生物へと受け継がれる単細胞の行動能力

単細胞性の藻類の群体が知られています。たとえば、ゴニウムという微細藻類は、一六個の単細胞性藻類が4×4の平面状に並んでくっついた多細胞性藻類です。

一つ一つの細胞は、クラミドモナスと同じように一つの眼点を腹部に持ち、頭部に生えた二本の鞭毛を動かします。この鞭毛の動きが、ゴニウムの推進力を生み出します。一六個ある個々の細胞は、群体をなしていますが、独立した単細胞生物としてもある程度は生きていけるようですので、ゴニウムは緩い多細胞性を持つ個体といえます。

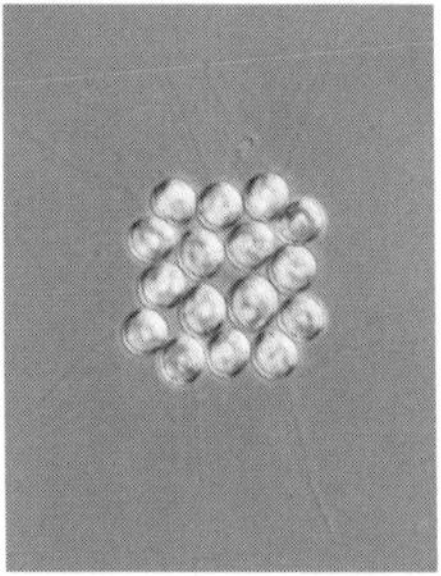

図8-2　ゴニウム
© 越後谷駿

ゴニウムは旋回しながら遊泳します。一六個の細胞は、個々に鞭毛打を繰り返すわけですが、どのように協調すれば個体全体が旋回遊泳できるのか、またどのようにしてそのような協調が生み出されるのでしょうか？　じつはまだよくわかっておりません。しかし、個々の細胞の鞭毛打は周りの水の流れに反応して調整されることが知られており、どうやら周りの水の流れを介して細胞間の鞭毛打協調が行われていることがわかってきました。それにしても、水の流れと鞭毛打の相互作用で、なぜ旋回遊泳が実現するのかは、非常に興味深い問題です。

ゴニウムも光走性を示し、旋回遊泳しながら光のほうに寄っていきます。このとき、一六個の細胞は、自分の眼点に光が差し込むと鞭毛打を独自に少し調節します。光のくる側にいる細胞が光を受けて鞭毛打を一過性に少し調整します。ゴニウムの体全体は常に旋回しているので光を受ける細胞は次々に入れ替わっていきます。そんなふうに細胞が代わる代わるバトンタッチしながら鞭毛打を調整して、光に寄っていける仕組みとは、いったいどのようなものなのか？　ここでも、クラミドモナスで見たような、受光から鞭毛打調整までのちょっとした遅れ時間が一つの鍵になっているようです。まだ判然としないことは多いものの、いずれにしても単細胞性のクラミドモナスも多細胞性のゴニウムも、細胞としては同様の鞭毛打調整をしていることがわかってきました。ですから、ゴニウムの光走性発現の物理的な機構は、単一細胞の持つ旋回遊泳性を基本として読み解いていけると思われます。

もう一つ、別種の微細藻類であるボルボックスは、数千の細胞からなる群体で、やはり個々の細胞には一つの眼点と頭頂部に二本の鞭毛があります。ボルボックスも旋回遊泳によって光に寄っていくことができます。単一細胞でなしえた光走性が、数千細胞の社会になっても同じように実現できるのは驚くべきことだと思います。このボルボックスの光走性発現の物理的な機構も、おそらく単一細胞の持つ旋回遊泳性を基本として読み解いていけると想像しています。

ゴニウムやボルボックスのような多細胞性の微細藻類が現れたのは、おそらく進化の過程で起きた、突然変異の積み重ねによるものと思われます。そう思えば、別に不思議でもなんでもないと思うかもしれませんが、そもそも元の細胞（たとえばクラミドモナスのような単細胞性藻類）がそうやって進化できるようにできていなければなりません。つまり、細胞の行動能力が多細胞体制になっても共有できるようになっているわけです。光刺激による鞭毛打の調整と光走性との大きなギャップをかかえたまま、多細胞体制でも実現できるというのは、むしろその大きなギャップにこそ何か積極的な意味がありそうな気がします。

最後に旋回遊泳について、生物種を超えた一般性の視点から締めくくりたいと思います。旋回遊泳は、非常に多くの単細胞生物で見られます。ゾウリムシやミドリムシなどのように繊毛や鞭毛を使って遊泳する原生生物は、ほぼすべて旋回遊泳をします。多細胞生物でも、そのライフサイクルの一部に現れる単細胞性の遊走子や配偶子（精子）は概して旋回遊泳をします。受精卵から発生した幼生（たとえばウニのプルテウス幼生など）もしばしば旋回遊泳をします。幼生は多細胞の体制をもっています。旋回遊泳は、非常に広範囲にわたって共通して見られる基本的な遊泳方法なのです。旋回遊泳には、まだまだ知られていない何か重要な機能性が潜んでいるかもしれません。もしかしたら、旋回遊泳の原生知能などというものがあるかもしれません。

あとがき

Intelligenceと知性

二〇〇〇年に、Maze-solving by an amoeboid organism（あるアメーバ生物による迷路解き）というタイトルの論文（たったの一ページ）を発表したとき、国内外の新聞が取り上げてくれました。迷路解きの論文の最後に、「原始的知性（primitive intelligence）」という表現を使いました。このフレーズには、思わぬ反響がありました。

機能性材料科学という学問分野には、「インテリジェントマテリアル」という言葉があります。この言葉が許されるなら粘菌をintelligentといってもよかろう、ぐらいに思っていました。取材する記者とのやりとりで、この言葉の使い方で議論になることがありました。概して、日本の記者は粘菌がどうやって迷路を解くのかを重点的に取材しましたが、欧米の記者はインテリジェントという言葉に強くこだわる傾向が見られました。

日本語でいう「知性（智性）」と、英語の「intelligence」では、そもそも、その意味するところが食い違っていても不思議ではありません。これは私の勝手な想像ですが、彼らは「intelligence」を、神様が人間だけに与えたもの、と捉えているようです。欧米では、インテリジェントマテリアルのことを、スマートマテリアルというのだと、後になって聞きました。

インテリジェントマテリアルという言葉を用いる欧米人も確かにいます。ただし、物質材料にインテリジェントといっても、「それは本当にインテリジェントですか?」という反論をよこす人はほとんどいないのですが、生物にこの言葉を使うと過敏な反応が返ってきます。魚類や鳥類はおろか、哺乳類でさえもそうなのですから、アメーバともなればなおさらです。

物質科学で用いるときにさほど物議をかもさないのは、人々が明らかに比喩として受け取っているからでしょう。生きものであれば、それがどんなに単純な体制のものであっても、「比喩ではすまされない」という認識が、無意識のうちに作用しているのかもしれません。そんなことが関係しているのかどうか定かではありませんが、英国のある教会から質問状が届いたりもしました。怪訝に思って読んでみたのですが、とても冷静な筆致で書かれた科学的な内容だったので、自分にとってもよい問いであったのを覚えています。

「知る」という性質

二〇〇二年にスイスから文化人類学者がやってきました。「自然におけるインテリジェンスとは何だろうか？」と考えていた、ジェレミー・ナルビー博士です。彼は、アマゾンのシャーマンと語らううちに、シャーマンのもつ世界（宇宙）のイメージが、DNAやその複製過程など現代生物学が解き明かした事実とよく重なることに気づき、その詳細と驚きを"The Cosmic Serpent"という本にまとめました。その後、インテリジェンスと自然とのつながりに興味をもち、インテリジェンスに関する自然科学の論文をたくさん読んだそうです。その一つとして私たちの論文を読み、札幌まで話しに来たのです。

もともと、宮﨑駿さんのアニメ『千と千尋の神隠し』や『風の谷のナウシカ』などに魅了されて、日本という国を一度は見てみたかったそうです。丸一日、「粘菌はインテリジェントか？」について議論しました。しかし結論は出ませんでした。丸一日話したぐらいで片づくような問題ではないのでしょう。ただ、問題が若干置き換わりました。「知る」とはどういうことか？　です。インテリジェントよりも少し問いが小さくなりましたが、元の問題が持っている本質的な部分をある程度含んでいるように感じられました。手がかりとしてよいのではないかと思いました。

インテリジェンスに対応する日本語は、「知性（智性）」が適当でしょう。これは、漢字の意味をそのまま解釈すれば、「知るという性質」であり、英語に置き換えるなら「knowingness」でしょう。ジェレミーは、intelligenceに相当する日本語がknowingnessであることを知って、「やっぱり日本はなんて神秘的な国なんだろう」というような感想を漏らしました。knowingnessをテーマにして、この先考えてみたいと言って帰っていきました。

半年ほどして、彼の本"Intelligence In Nature：An inquiry into knowledge"が届きました。二五〇ページほどの本のうち、終わりの一〇〇ページは補足ノートであり、広範に調べた科学論文からの、または自分で取材したインタビューからの抜粋が集めてありました。本文でも、科学者への質問とその返答が大部分で、それらを巧みに整理して並べ、その間に少しのコメントを差しはさむというスタイルでした。それで、自説がうまく展開されていたので感心しました。

動物の心について述べた本は、たくさんあります。その中の読むべき一冊として、認知されることを願っています。ロンドンの大英博物館の売店に、この本が並べてあるのを目撃したときには、思わず顔がほころびました。

わかちあい

二〇〇一年には、ドイツからテレビクルーがやってきて粘菌の番組をつくりました。それが、"Like Nothing On Earth : The Incredible Life of Slime Moulds（C-43 min）"でした。

クルーといっても、カメラマンのカールハインツ・バウマンと、ディレクターのフォルカー・アルツのたった二人でした。二泊三日のスケジュールで、撮影は一日のみという限られた時間でしたが、その場で、あれこれ相談しつつ、粘菌の迷路解き実験の雰囲気を収めていきました。

私たちの粘菌の研究に対して、二〇〇八年と二〇一〇年にイグノーベル賞、二〇一一年にはNHK総合テレビ「爆笑問題の日本の教養」による爆ノーベル賞が与えられました。イグノーベル賞は「人々を笑わせしかるのちに考えさせる研究」に与えられるものですし、爆ノーベル賞は爆笑問題さんが研究内容に容赦ないツッコミをいれた挙句に選定したものでした。どちらも半分は笑いに包まれたポピュラーサイエンス賞ともいうべきものでしょうか。賞金もなければ、権威もない賞ですが、清々しい思いで有り難く頂戴いたしました。

その甲斐あって、その後も時々、科学番組のテーマにしてもらうことがありました。

最近では、フランスで作られた「Genius Without Brain」という粘菌の番組が、二〇一九年NHK BS「世界ドキュ選」というシリーズ番組で「粘菌 脳のない天才」として紹介されました。世界各地の小学生、中学生、高校生などが、自由研究プロジェクトで粘菌を題材に選ぶことが増えてきたようで、多くの質問が寄せられました。ありがたいことでしたが、一つの問い合わせに十分に答えるにはしばらくの間何度もやりとりを繰り返す必要がありました。そのため、二〇一〇年ごろからは個別の問い合わせにはやむなくお断りをせざるを得なくなってしまいました。

粘菌の行動実験をするには、失敗を繰り返しながらしばらくの間、粘菌を飼い続ける経験が必要です。周りの温度や湿度や光などの諸条件に影響されながら、またそれまで摂取した栄養にも依存して、粘菌の形や色や動き方が変わります。その様子が、感覚としてある程度わかるようになることが不可欠です。一旦、そのような感覚が身についた暁には、粘菌に対する理解が、ほぼ無意識的なのかもしれませんが、確実に深まっているはずです。そこから、独自の疑問を見つけて研究を始めてもらうのがよいと思います。多くの方からの問い合わせにお答えするうちに、このような結論に至りました。研究室でも、粘菌をテーマにしたいという学生には、まず半年ほどは飼い続けて観察することから始めてもらうようにしています。

共同研究のたまもの

この本で紹介した研究成果は、私も参加した研究グループで得られたものもありますし、まったくそうでないものもあります。私が関わった研究成果についていえば、それらは多くの方々との共同研究の賜物です。一九九七年より理化学研究所でご一緒した数理物理が専門の佐光(旧姓山田)裕康博士、二〇〇一年より北海道大学で意気投合いたしました数理科学博士の小林亮教授(現在広島大学名誉教授)、私のもとで博士研究員をやってくれた三枝徹博士、手老篤史博士(九州大学准教授)、伊藤賢太郎博士(法政大学講師)、田中良巳博士(金沢学院大学教授)、黒田茂博士(青森大学教授)、及川典子博士(大阪公立大学准教授)、國田樹博士(琉球大学准教授)。三〇名ほどの学生さんたち。粘菌の数理モデルに関しては、手老博士と小林博士によるところが大です。

また、四〇年程、断続的に議論をしてきました松本健司博士(昨年北海道大学数学科を退官)の影響も大です。卒業研究、修士、博士とスーパーバイザーをしていただきました恩師上田哲男教授(北海道大学名誉教授)には、粘菌に対する見方をはじめ、創造的に視点を変えていく研究スキルを見せていただきました。そもそも「粘菌や細胞のインテリジェンス」という考えは、すでに先生が提唱されていたことですので、私はそれをただ私なりに引き継いだに過ぎません。先生から受け継いだバトンは、また次の世代の誰かに引き継がれていくことを願っております。

山田裕康博士、高松敦子教授（早稲田大学）や田中玲子教授（インペリアル カレッジ ロンドン）とは、一九九七年ごろから二〇〇八年ごろまで粘菌微小会議と称して集まり議論を交わしてきました。制御工学がご専門の伊藤正美先生（元理化学研究所バイオミメティックコントロール研究センター長、名古屋大学名誉教授）は、一九九七年に私と山田博康博士を同時に研究員として採用して下さいまして、「二人で何かおもしろいことをやりなさい」とレールを敷いて下さいました。それ以来、今なおこのレールの上を走っております。

細江繁幸先生（元理化学研究所東海ゴム人間共存ロボット連携センター長、名古屋大学名誉教授）と原正彦先生（東京工業大学名誉教授）は、その後の理化学研究所時代のボスで、異分野の多くの研究者との出会いをつくってくれました。複雑系科学の研究で高名な金子邦彦教授（東京大学名誉教授）には、大阪大学大学院生命機能研究科ができて金子先生が客員教授に就任した折に、客員助教授にと声をかけていただき、以来、力学系の考え方を生命現象に適用するという先導的な研究方針をずっと見せてもらいました。金子先生の思想を周回遅れでついていっているという気分でおります。残念ながらまだ共著の論文を書くことはできておりませんが、まだ諦めたわけではありません。

二〇〇〇年に北海道大学電子科学研究所の上田研に赴任してからは、高木清二助教（公立はこだて未来大学准教授）とともに研究してきました。電子科学研究所では、非線形数学がご専門の西浦廉政教授の主宰する研究室にたびたびお邪魔させていただき非常に多くのことを学ばせていただき、かつ多くの共同研究者とつながる機会をいただきました。

ほかにも、きちんとあげていきますと、二〇名、三〇名と謝辞のリストは増えていきます。個別に名前を挙げませんが、改めて感謝申し上げます。海外にも多くの共同研究者や議論仲間がおりますが、個別には触れません。彼ら、彼女らに、深く感謝していることはいうまでもありません。

研究費のサポートもいただきました。住友財団基礎科学研究助成、文部科学省（または日本学術振興会）の科学研究費補助金、北海道大学創成科学共同研究機構流動部門研究プロジェクト、ヒューマンフロンティアサイエンスプログラム研究グラント（この本部はフランスですが、その予算は日本からも出資されています）、JST（科学技術振興機構）クレストです。また、株式会社ジィ・シィ企画とは、五年にもおよぶ共同研究を進めています。深く感謝いたします。

二〇一三年に現在の研究室に赴任してからは、「細胞の物理行動学」という学問を標榜して研究室を主宰しています。現在は、理論物理が専門の佐藤勝彦准教授と生物物理学が専門の西上幸範助教と三人四脚で日々歩んでおります。研究室は、学生諸君の奮闘あればこそです。

出版のいきさつ

最後になりましたが、この本が出来上がるまでのいきさつについて述べておきます。この本の元版は、ＰＨＰサイエンスワールド新書『粘菌　その驚くべき知性』（二〇一〇年）です。これは、ＰＨＰ研究所の編集者であった水野寛氏が、企画から出版までを担当いたしました。今回、山と溪谷社の井澤健輔氏の企画と編集により、すでにほぼ絶版となっている元版を書き直して再出版することになりました。そこで元版を適宜書き直しました。また、より読みやすくするために、図版を本文の間に入れるなどして全面的に組版を作り直しました。そして、晴れてこの度、新版となって出版されることになりました。井澤氏からいただきました、数々のご教示と励ましに心から感謝申し上げます。

初版が出版されてから一三年が経ち、原生生物の行動の研究も進んでいます。現在は、「ジオラマ行動力学」（正式名称：ジオラマ環境で覚醒する原生知能を定式化する細胞行動力学）という研究プロジェクトを、多くの研究者とともに推し進めています。そこでは、精子の運動、赤潮のような微細藻類の巨大な集団運動など、これまで想定しなかった研究対象も含まれています。また、力学モデルについても、概念化が進みつつあります。退職までの残された年月をかけて、このプロジェクトに注力していきたいと思っています。この新版で書き換えた内容は、この研究プロジェクトのメンバー諸氏との議論に深く根差しております。もしよろしければ、ジオラマ行動力学のホームページをご覧ください。そこには研究プロジェクトのSNSへのリンクがはられており、そのSNS上ではいろいろな原生生物ムービーが短い説明とともに掲載されています。これは、学生が中心となって作成したものです。

URL：https://diorama-ethology.jp/

最後に、妻と子供に謝意を、恩師ならびに両親にこの本を、謹んで捧げます。

令和六年一月吉日　札幌　円山を眺めながら

中垣 俊之

参考文献

芦田譲治、等編集『現代生物学講義4　生物の反応性』共立出版（1958年）
ダン・アリエリー著、熊谷淳子訳『予想どおりに不合理　行動経済学が明かす「あなたがそれを選ぶわけ」』早川書房（2013年）
デイヴィッド・イーグルマン著　大田直子訳『あなたの知らない脳　意識は傍観者である』ハヤカワ文庫（2016年）
大沢文夫、鈴木良次、他著『個性の生物学　個体差はなぜ生じるのか』講談社ブルーバックス（1978年）
蔵本由紀著『非線形科学』集英社新書（2007年）
蔵本由紀著『非線形科学　同期する世界』集英社新書（2014年）
蔵本由紀著『新しい自然学　非線形科学の可能性』ちくま学芸文庫（2016年）
黒田茂、中垣俊之著『物理学ガイダンス』日本評論社（2014年）
アーサー・ケストラー著、日高敏隆、長野敬訳『機械の中の幽霊』ちくま学芸文庫（1995年）
スティーブン・ジョンソン著、山形浩生訳『創発　蟻・脳・都市・ソフトウエアの自

己組織化ネットワーク』ソフトバンククリエイティブ（2004年）
イアン・スチュアート著、水谷淳訳『数学で生命の謎を解く』ソフトバンククリエイティブ（2012年）
津田一郎、松岡正剛著『初めて語られた　科学と生命と言語の秘密』文春新書（2023年）
津田一郎著『心はすべて数学である』文芸春秋社（2015年）
マリアン・S・ドーキンズ著、長野敬、他訳『動物たちの心の世界』青土社（2005年）
中垣俊之著『粘菌　偉大なる単細胞が世界を救う』文春新書（2014年）
中垣俊之著『かしこい単細胞　粘菌』福音館書店（2015年）
中島秀之著『知能の物語』公立はこだて未来大学出版会（2015年）
Jeremy Narby 著『INTELLIGENCE IN NATURE: AN INQUIRY INTO KNOWLEDGE』, Tarcher / Penguin（2005年）
西浦廉政著『自己複製と自己崩壊のパターンとダイナミクス』岩波書店（2003年）
萩原博光（解説）、山本幸憲（解説）、伊沢正名（写真）『日本変形菌類図鑑』平凡社（1995年）

ヘルマン・ハーケン著、高木隆司訳、『自然の造形と社会の秩序』東海大学出版会（1985年）
ジェフ・ホーキンス、サンドラ・ブレイクスリー著、伊藤文英訳『考える脳　考えるコンピューター』ランダムハウス講談社（2005年）
松本淳（解説）伊沢正名（写真）『粘菌　驚くべき生命力の謎』誠文堂新光社（2007年）
水木しげる著『猫楠　南方熊楠の生涯』角川文庫ソフィア（1996年）
ステファノ・マンクーゾ、アレッサンドラ・ヴィオラ著、久保耕司訳『植物は〈知性〉をもっている　20の感覚で思考する生命システム』NHK出版（2015年）
V・S・ラマチャンドラン、サンドラ・ブレイクスリー著、山下篤子訳『脳の中の幽霊』角川書店（1999年）
渡辺茂著『動物に「心」は必要か　擬人主義に立ち向かう　増補改訂版』東京大学出版会（2023年）
渡辺茂著『鳥脳力：小さな脳に秘められた驚異の能力』化学同人（2022年）

カバーデザイン・イラスト　吉池康二（アトズ）
本文フォーマット・デザイン　岡本一宣デザイン事務所
本文ＤＴＰ　株式会社千秋社
写真提供　北海道大学電子科学研究所 谷口篤史博士、
北海道大学生命科学院 越後谷駿
文庫版編集　井澤健輔（山と溪谷社）

本書は二〇一〇年五月に発刊されたPHPサイエンス・ワールド新書
『粘菌　その驚くべき知性』を加筆修正のうえ、文庫化したものです。

著者略歴

中垣俊之（なかがき・としゆき）

一九六三年愛知県生まれ。北海道大学電子科学研究所教授。粘菌をはじめ、単細胞生物の知性を研究する。北海道大学薬学研究科修士課程修了後、製薬企業勤務を経て、名古屋大学人間情報学研究科博士課程修了。理化学研究所基礎科学特別研究員、北海道大学電子科学研究所准教授、公立はこだて未来大学システム情報科学部教授を経て二〇一三年より現職。二〇一七〜二〇二〇年北海道大学電子科学研究所所長。二〇〇八年、二〇一〇年にイグ・ノーベル賞を受賞。著書に『粘菌 偉大なる単細胞が人類を救う』（文春新書）、『かしこい単細胞 粘菌』（たくさんのふしぎ傑作集）など。

考える粘菌　生物の知の根源を探る

二〇二四年一月五日　初版第一刷発行

著者　中垣俊之

発行人　川崎深雪
発行所　株式会社　山と溪谷社
郵便番号　一〇一―〇〇五一
東京都千代田区神田神保町一丁目一〇五番地
https://www.yamakei.co.jp/

■乱丁・落丁、及び内容に関するお問合せ先
山と溪谷社自動応答サービス　電話〇三―六七四四―一九〇〇
受付時間／十一時〜十六時（土日、祝日を除く）
メールもご利用ください。
【乱丁・落丁】service@yamakei.co.jp【内容】info@yamakei.co.jp
■書店・取次様からのご注文先
山と溪谷社受注センター　電話〇四八―四五八―三四五五
ファックス〇四八―四二一―〇五一三
■書店・取次様からのご注文以外のお問合せ先
eigyo@yamakei.co.jp

印刷・製本　大日本印刷株式会社
定価はカバーに表示してあります

Printed in Japan ISBN978-4-635-04982-5